我要做人生的甲方

I WANT TO BE THE PARTY A IN MY LIFE

雾满拦江 著

北京时代华文书局

CONTENTS

目录

第一章

我要做人生的甲方

002 人生中最艰难的认知课题

010 自我保护是人生中最重要的一课

017 解决问题是让你认知升级的最佳方式

024 看看你在认知的哪一层

030 关于爱的认知，你可以做得更好

第二章

那些年我们受过的欺骗

038 那些年我们受过的欺骗

045 我有个故事想讲给你听

052 欲望的傲慢与偏见

060 不要在欺骗中学会成长

067 为什么你会被欺负

074 爱的傲慢与偏见

第三章

不再怒气冲冲，你就成熟了

082 抵挡棉花糖的诱惑

088 有些人，走着走着就散了

095 听正确的话，做正确的事

102 放弃是一个念头，永不放弃是一种信念

109 喜欢玩不可怕，无聊才最可怕

116 不再忍耐，不再克制

第四章

光影人生里的你我他

126 听从内心召唤，放弃顶牛
134 要看清事实，必须经历一些疼痛
141 认知是一剂悬壶济世的良药
147 你的人生也有一百万个可能
153 从“做狗”到做人，突破认知局限

第五章

你的善良，必须有点界限

162 你要控制住自己
168 走出迷妄而错乱的情绪，人生不迷糊
172 你的善良，必须有点界限
178 我心温柔，夫复何言
185 不要让你的善良变成伤害
192 我们要记得远离“巨婴”

第六章

人生嘛，进退自如才最好

198 有些边界你不能触碰

202 智力高不如性格好，好头脑不如好心情

210 人生嘛，进退自如才最好

217 我们要学会爱自己

223 远离让你放弃独立自主的人

第一章

我要做人生的甲方

人生中最艰难的认知课题

（01）

这几年，网络上反智之风盛行。

起因是一个女孩的尾椎骨被打断了。

事情发生在一个“完美之家”，儿女双全。儿子16岁，女儿14岁。

儿子一直品学兼优。女儿14岁之前也是品学兼优的孩子，突然有一天，这丫头叛逆了。

14岁的女儿，爱上初三的一个男生。

老师约谈双方家长，最终达成开明的共识：不暴力干涉，但绝不允许孩子逾越两性底线，不可影响学习。

女儿置若罔闻，学习成绩从前10名直线下降到倒数第6名。

再跟女儿谈话，女儿却是有备而来，要求父母尊重人权，尊重她的恋爱自由。爹妈完全说不过她，不知道该怎么办。

接下来，女儿在放学回家的途中失踪。

（02）

女儿入夜不归，父母慌了神，四处寻找。

最后在一家酒店成功堵住了女儿和她的小男友。

最终把女儿带回了家。

母亲想息事宁人，但父亲气不过，怒骂女儿不知廉耻，不爱惜自己。把女儿揪过来，打了一个耳光。

女儿狂怒，把书本砸向亲爹的脸。

亲爹转身出去，再回来时手持冰球杆。

反锁上门，哐哐哐，嗷嗷嗷……14 岁的女儿，发出惊天动地的惨叫声。

妈妈害怕出事，带着儿子用力撞门。撞不开，找来个锤子砸门，总算把门砸开了。

这时女儿已经趴在地上动不了了，后背、腿上全是伤。去医院一看，诊断结果是尾椎骨骨折。

整个事件，大概就是这么个情形。

（03）

此事，被母亲发布在网上。

顿时一片喧嚣。

大多数人的观点都是支持父亲。

有人跟帖说：如果不打醒女儿，会有更多的痛苦像烙印一样刻在她的身上。

还有人跟帖说：老祖宗说棍棒底下出孝子，还是有一定道理的。有些小兔崽子言传身教没有用，就是欠揍。结结实实地揍一顿，让她记住这个教训比什么都强！ 14 岁就敢夜不归宿，还跟老爸动手，该打！

许多人现身说法，列举的事例分两种：

一是身边的人因为中学时陷入早恋，放弃读书，最终人生一片灰暗。

二是以自己为例，本来陷入早恋，踏上灰暗人生，幸亏爹妈果断，一顿往死里削，终于幡然醒悟，从此走上阳光大道。

诸如此类。

当事情的解决需要用脑子判断而不是简单的道德判断，有些人就暴露出智商不够的短板。

（04）

从认知角度来说，家长是分五个层次的。

第一层级是物质型父母：舍得为孩子花钱，以为食物充足孩子就会自然长大。

第二层级是道德型父母：舍得花时间，对孩子贴身保护，生怕孩子学坏。

第三层级是思考型父母：开始考虑教育的目标问题。

第四层级是成长型父母：与孩子一起成长，为了孩子愿意提升和完善自己。

第五层级是智慧型父母：鼓励孩子成为最好的自己。

打断女儿尾椎骨的父母，应该处在第几层?

（05）

14 岁，是孩子至关紧要的人生险关。

社会化人格开始形成。父母的威权在孩子心里迅速降低，他们根本不在意父母或老师对他们的评价，更注重于同伴群体的认同。

进入叛逆期，实际是陷入心智困境。

叛逆行为，是在向父母发出求救讯号。

父母能否听懂，取决于他们的认知层级，也影响着孩子日后的成长。

（06）

有个日本孩子，以沮丧的心情在网上公布了父母是如何摆平他的叛逆期的：

我老妈的教育，可以说天下无敌。想当初我十几岁进入叛逆期，第一次对老妈破口大骂：死老太婆！没想到老妈心花怒放，奔走去向老爸报喜：咱家儿子终于到叛逆期了，赶紧开 PARTY 庆祝一下。当天家里煮了象征吉祥的红豆饭，还在家门口的邮筒上贴上告示：我家也有叛逆期的儿子了……少年蠢萌的我，根本玩不过老爸老妈好吗，叛逆期只好灰溜溜地结束了。

这算是第三层级的父母，知道孩子的脏话谩骂，并非挑衅自己。所以能够淡定从容，化解危机。

（07）

还是发生在日本的一件事，有位母亲名叫香织。她正读高中的女儿处在叛逆期，视母亲为仇人，根本不和母亲说话。有一次，母亲的膝盖被剪刀扎到，疼得哇哇惨叫，女儿却在一边拍手叫好，哈哈大笑。

女儿甚至发展到盼着操劳的母亲快去死！

这不是孩子天性冷血盼望母亲去死，而是孩子正在面临成长危机。父母一定要冷静，找到化解孩子心理危患的办法。

这位母亲选择自己包扎好膝盖，认真考虑如何帮助女儿。

她想到个有趣的办法——把女儿每天上学要带的盒饭拼成有趣的花样，有文字、有图案，以此与女儿沟通。

刚开始，女儿毫无反应。

但慢慢地，女儿开始习惯这种沟通方式，对母亲的示好有了回应。

在母亲四十岁生日那天，女儿用打工积攒的钱，给母亲买了一个平底锅。

高中毕业典礼后，长时间冷漠的女儿终于说话了：

——妈妈每天认认真真地给我做卡通盒饭，我心里其实充满了感激。

——感谢妈妈为我做过的所有事情，我也想成为像她那样的人。

这是属于第四层级的母亲，她们有耐心，而且愿意陪孩子一起成长。

（08）

一位父亲曾在网上分享他是如何帮助女儿走出成长困境的。

和尾椎骨事件差不多的情形，女儿的学习成绩原本极好，但忽然间叛逆早恋，成绩下降。

当时父亲思考了足足两天，他意识到一件事：

孩子的早恋不是个道德问题，而是孩子心灵空洞，见识不够。

于是他决定替女儿请 10 天的假，带女儿外出旅游。

请假无疑会耽误女儿学业，可这个父亲考虑的是倘若女儿患病，学习成绩再好，还有意义吗？虽然女儿现在身体健康，但叛逆也是一个不容忽视的问题。因此必须先解决孩子的叛逆问题，才能让女儿的人生走出足够远的距离。

他带着女儿，走了几处名胜古迹。

游历了几座高等学府。

拜访了几个事业有成的朋友。

10 天之后女儿回到学校，再看最初那个曾让她痴迷，甚至不惜与父母决裂的男孩，原来的情愫竟悄然消逝。

她曾以为对方就是整个世界。

现在她看到了世界，也做出对现今的自己最好的选择。

这位父亲已经接近第五层级，他知道问题的本质所在，帮助女儿寻找自我，给孩子一个辽远无垠的未来。

（09）

认知停滞的父母，不肯理解孩子。面对孩子成长的困境，他们选择把问题简化为道德判断。

这样就不用动脑子，最省心。

比如说打裂女儿尾椎骨的父亲！

这位父亲痛骂孩子不知廉耻，不知自爱。这是一个毫无依据的武断的道德裁决，而非解决方案。道德是低维的，只有对错与是非。而解决问题需要智慧，这恰恰是低认知父母的短板。

真正陷入阶段性困境的其实正是这位父亲。他自己认知停滞，不肯持续学习，不懂教育心理，更不懂成长规律。他以为成长是个简单的道德判断题，以为孩子的心智困境是对自己的挑衅，以为暴力就是教育。

然而孩子成长，是一个极其艰涩的认知课题。

父母必须与孩子共同成长，否则他们将成为孩子人生最大的障碍。

（10）

帮助孩子成长，需要一个耳濡目染的引导过程。

引导的要点有三个：

一是带孩子看世界，开阔孩子的视野，拓展孩子的心胸。

二是帮孩子树立高远的人生目标，让孩子的一生走得足够远。

三是丰富孩子的心灵情趣，免得孩子灵魂枯竭。

举凡在叛逆之途不肯回头的孩子，一定是在这几方面出了问题。

视野狭窄，鼠目寸光，以为浑噩庸碌就是生活。没有人生目标，当然选择颓废消沉。灵魂枯竭，处于商业竞争时代，对抽象的知识失去兴趣，开始渴望得到同龄人的认同弥补空虚的内心。

所有的孩子都会叛逆。

但在叛逆的路上走多远，这取决于父母的认知。

如果父母的认知里，只有简单的道德判断，那就会让孩子陷入激愤。和孩子比拼输赢，最怕你赢了，让孩子输掉一生。

别跟孩子比输赢。

明智的父母是孩子一生的引路人。你的认知视野影响孩子翱翔天空的界限。暴力只是无能的泄愤，无法化解孩子心理危机。有些人摆脱了成长的阴影，甚至庆幸是父母的暴力让自己远离了黑暗诱惑，但这只是错误归因。错误的教育方式没有毁掉你，那只是你自己的努力与侥幸，并非是错误教育多么合理。你的尾椎骨没有被打断，并不能证明暴力的正确性。引导孩子走向人生巅峰的正确途径，永远是父母切合于人性与成长的高维认知。

自我保护是人生中最重要的一课

（01）

人皆有良知。

虽然良知人人有，但每个人情形不同。有人多些，有人少些。

（02）

天津姑娘小洁，认识了在银行工作的男子张某。

半年后他们结婚，很快有了孩子。

怀孕期间，张某每天端着水杯，跟在小洁身后唠叨：洁，多喝开水。

怎么看都不像只畜生。

（03）

2018 年下半年，小洁和丈夫张某带孩子去了普吉岛。

没过多久，小洁父母突闻噩耗：女儿出事了。

张某说小洁是在夜里哄孩子入睡后出去游泳，结果……

小洁父母难以相信这个事实，首先女儿水性很好的，而且女儿那么疼爱孩子，怎么会扔下孩子，大半夜跑出去游泳？

再细问，张某开始含含糊糊，说不清楚。

家人立马赶往普吉岛。看到已死的小洁遍体伤痕，指甲多处折断。

如果只是溺水，身上怎么会有这么多的伤痕？

之后家人报警，张某被拘留，并很快承认是他杀害了小洁。

（04）

小洁父母哭着质问张某为什么杀小洁？

张某说他不想过了。

小洁家人继续追问不想过了就离婚啊，为什么要杀死她？

张某沉默以对，面无表情。

（05）

变生肘腋，祸起萧墙。

当丈夫突然露出凶残嘴脸，小洁是多么恐惧，多么震惊。她刚刚做母亲，孩子才 20 个月啊！

她一定恳求过，一定是苦苦哀求张某放过她。

终究杜然。

残暴的殴击中，她被丈夫溺毙于泳池中。

纵死不甘。

可这是为什么？

为什么？

（06）

我们做个事后诸葛亮，分析一下可以发现，其实死于丈夫之手的小洁，至少有三次逃生机会。

结婚前，张某曾大发脾气，把手机和汽车的挡风玻璃给砸了。

小洁同学感觉这个男人很危险，劝小洁再考虑一下。

小洁认真考虑过后，反而在张某面前认错，求挽回。

——这是小洁第一次错失逃生机会。

她似乎不知道，离开一个有暴力倾向的男人犹如逃离一个说炸就炸的火药桶。应该是要多快就有多快，怎么会忍辱挽回呢?

结婚时，小洁父母替他们买房，给了小洁和她丈夫 80 万现金。结婚之后，老两口还在不停掏钱，供养小两口，生怕他们有经济压力。

确实，谁买房并不重要，重要的是爱……但情况显然不是这样。

2018年3月，张某说要再买一套房，为了获得首套资格，要求离婚。

两人办理了离婚手续。

——这是小洁错失的第二次逃生机会。

离婚后，小洁父母慌了神，为了让他们赶紧复婚，又给了小洁 60 多万。

除了住房，小洁父母给了 140 万。零花钱不计在内。

连小洁一家三口去普吉岛的路费都是小洁父母掏的。

婚后张某就辞去了银行的工作，此后他算是失业。这件事小洁的家人竟一无所知。而小洁，或是不知道，或是知道却没告诉父母。

——这实际是小洁错失的第三次逃生机会。

（07）

事发后，小洁家人最困惑的是张某的杀人动机。

行凶之前，张某替小洁买了 1700 万的保险，受益人就是他自己。

——可如果是为了钱，似乎有些说不过去。毕竟两方老人，一直在全力补贴他们的生活。

舍不得让张某为谋生动一点脑子、费一点力气。

老人很有可能猜对了。

张某杀妻，或许不是为了钱。

巨额保单只是张某布局杀妻的额外收获。既然要动手，就让这次杀人带给自己最大的经济收益。

促使他行凶杀人的真正动机，他已经说过了。

在审讯里，他告诉小洁父母：

不想过了！

（08）

审讯室里，小洁母亲质问张某："不想过了可以离婚，你为什么要杀人？"

但其实你们是真的忘了吗？他已经离过婚了！他好不容易憋出个借口离了婚。可这些老人一窝蜂地拥上来，砸下真金白银，非让他们复婚！

这么热衷干涉子女生活，终至小洁别无选择。只能和这个可怕男人在一起，以满足别人"到了年纪就该结婚成家"的预期。

从其拙劣的杀人手法上来看，张某不是人。

说他不是人，并非是愤怒斥骂，这是一个公正的评价——从犯罪心理学上看，张某是个典型的半兽人。他的确长了人的外表，也生活在文明社会，但他的大脑原始而混沌，也可能是他的大脑前额叶出了问题。大脑前额叶负责规划复杂的认知行为。正常人都会愤怒，但大脑前额叶会让他考虑到冲动的后果。而张某，他显然没有复杂认知。

他就是个“垃圾”，可是白富美小洁却一心一意地爱着他。不惜砸下房产巨款，把他当宝贝养起来。

砸下这么多的钱是有要求的。要求他做个尽职尽责的好丈夫。可垃圾就是垃圾！他不想过了，费尽周折离婚，这帮人又砸钱催促他复婚，非要让他做个好人。

可他就是不想。

所以他最后选择杀人。只有小洁死了，他才能做回垃圾。至于杀害妻子会有什么后果，这属于复杂认知，不是他那失去理智和思考的脑子能够理解的。

大恩，成仇！

（09）

张某如冬天那条冻僵的蛇，如东郭先生遇到的狼。

你们待我太好，无以为报，反噬情恩。

为什么会有大恩成仇？

这三种情况会让小洁的付出化为张某怨毒入骨的仇戾。

第一种：小洁给予对方的，超过其自身价值。

人都是平等的，没有高低贵贱。平等的是人格，不平等的是价格。比如说张某，他就是个低认知、低收入、低生存力的人。但小洁一家却对他砸下了远超过他自身价值的钱，包括小洁的屈从与爱。这些构成了张某心里巨大的亏欠，可他价值太低，还不起，就只能以负恩反噬的方式平账。

第二种：小洁给予的，压倒了张某的成长性。

小洁认为自己爱张某。但爱不是单方面的付出，更不是对暴戾的屈从。爱需要两个人用心呵护。小洁所爱非人，她总是无原则地屈从而扭曲了爱。如果她意识到这一点，就不会罹此横祸。

第三种：小洁给予的，原本是张某的职责。

购房置产、赚钱养家这是小夫妻的职责。可是小洁父母把年轻人的活儿全包了，那让张某干什么？人不能闲，闲则生弊。所以张某会做出许多让他们瞠目结舌的事情，因为张某要把自己的时间填满。

古人说，小善如恶，大善无迹。父母教育孩子也好，帮衬成年的子女也罢，如果不守好这几道线，那么所有的付出，最终只会带来怨怼。

(10)

小洁原本可以很快乐，很幸福。

她根本不需要张某。

也许是世俗的认知，也许是亲戚的催促，让不需要张某的她，必须要找个“张某”。即使她曾侥幸逃脱了张某的魔掌，却又被家人以重金为代价，强行将她塞入这桩恐怖婚姻中。

这件事堪足警示天下女性，认清自己，看清对方，比什么都重要。

认清自己，知道自己生命并无缺憾。知道真正的爱是价值的对等，是双方用心的呵护与付出。而不是自欺欺人，骗自己爱一个不堪的人，骗自己对方会改好。可他宁可杀了你，也不愿稍做改变！

看清对方，世间男子无数，不乏拥有有趣灵魂者，不乏睿智多思者，不乏富责任心、富爱心者。这样的男人年轻时也会承受经济的困扰，但他们有自尊，绝不会让自己沦为卑劣爬虫，一味吸血颓废到底。适合相爱的是这样的男人，而非张某这种男性。

做父母的多少也要明白点事理。别对子女的生活干涉太深，最重要的是别拿旧观念强行束缚孩子。孩子有困难帮一下正常，但帮到将对方供养起来，这就很没谱。把自由和生活还给孩子，他们会给你一个惊喜的。

现在我们需要反思我们的认知。阳明先生说，人皆有良知，可我们的良知到底有多少？对别人无怨无悔的付出，我们是不是安之若素？我们得到的爱，是不是配得上我们自身的价值？我们是不是时常陷入情绪化，对爱我们的人怨憎滋生？这世界的“张某”也太多了。我们一定要警觉心里的不堪之念，是这些忘恩负德的欲念妨碍了我们，让我们偏离了自身本质。如果说张某还有一点价值的话，那就是警示我们，正是对爱与所得无感，任由恨意滋生，才让他化为戾兽。而我们，任何时候也不可以成为他，哪怕心里稍有幽怨，也应当警惕。只有扫尽心中的阴霾，良知才会浮现，如一轮圆月照亮我们的人生暗夜，照耀我们的未来与爱的行程。

解决问题是让你认知升级的最佳方式

(01)

女大学生小菲，放寒假时去了北京。

在一家餐馆里，认识了传菜员王某。

随后王某表白。

小菲拒绝：我已经有男朋友了。

当时王某的回答也很体面：好，我们就当朋友吧。

但隔日，画风突变。

王某突然又来找小菲，称要当面说清楚，如果小菲不跟他走，他就不离开。

小菲就跟他去了地下停车场和公园。据小菲讲述，当晚王某对她有不规矩的行为。

为此小菲报了警，并做了笔录。

——这是小菲第一次和法律接触。

(02)

第一次报警之后，王某被餐厅开除了。

小菲继续回学校读书。

然而王某追到学校。

家人接到小菲的求助，把她接回了家。

王某追到了小菲家，带着水果刀和电棍。

恰好小菲的哥哥在家，立即报了警。

一听报警，王某掉头就离开了。

——这是小菲第二次与法律接触了。

(03)

接下来，王某继续到学校纠缠小菲。

小菲冲入学校办公室求助，保安来救场，王某机智地逃了。

从此王某不敢再来学校。开始电话威胁小菲：你在学校有人保护，有本事放假别回家。

这么看起来，王某害怕保安，但吃死了小菲一家。

果然放假后，王某去了小菲的家，声称要纠缠小菲 20 年，还要把小菲全家统统杀光。

小菲父母只好报警。

警方让小菲全家去亲戚家住几天吧。

(04)

从此王某多次携带水果刀、电棍在小菲家附近出没。

这个世界，似乎没人管得了他。

他还曾翻墙进入小菲家，撬门而入，拿走了小菲的几百元压岁钱。

小菲父亲想跟王某好好聊聊，问他究竟想要什么，协商怎样才会不再骚扰小菲。

王某说：给我 600 块，这事就算了。

小菲父亲掏出 600 块。

但王某并没有罢手。拿到了钱，继续上门骚扰。

——终于到了 2018 年 7 月，最后的“决战”时刻到来。

（05）

2018 年 7 月 11 日晚，王某携刀带棍，翻墙进入小菲家，大喊：全都出来，让我杀了你们！

一场激战在暗夜中爆发，小菲父亲被王某打倒，母亲苦苦哀求。当小菲出来时，王某直接朝小菲的肚子捅了一刀，并用胳膊勒住小菲的脖子。母亲冲上来保护小菲，几个人打成了一团。

小菲说：看到王某倒地，就用菜刀的刀背拍他的背部。

小菲说：我不想伤害他。

好善良的姑娘。

那么我们遇到凶徒到底该如何保护自己？

（06）

小菲一家不算是特例，现代人生活空间大，与人交往的频次高，说不定你我的身边，就有一个像王某这样的人。一旦缠上你，定是不死不休。

答案，在这张图里。

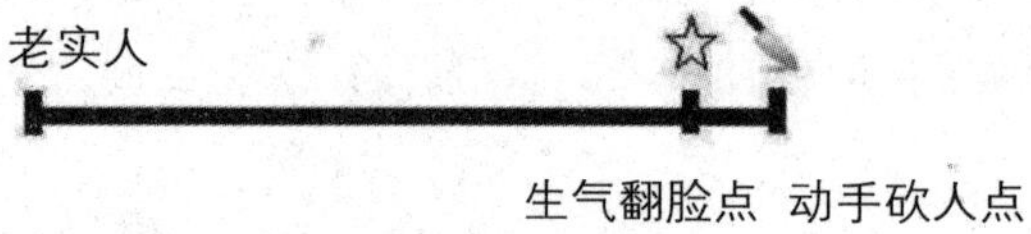

看着这张图，比对小菲一家人的遭遇，你就会明白。

第一张图里，普通人的生气翻脸点是个安全点。因为这个点距离触犯法律还很远，生了气，翻了脸，最多会有点心理负担或者稍微影响一下你的人际关系。

可第二图中心胸宽广之人的生气翻脸点离触犯法律很近了。

而小菲一家人的生气翻脸点，是在凶徒深夜持刀携棍闯入家门后。被逼到这份儿上，不动手砍人已经不行了，虽然警察不建议你砍，可你那一瞬间又想不到别的办法。

因为你老实，总希望靠忍让退缩让对方不至于欺人太甚。这在大多数情况下是成立的，但遇到极端特例，如王某这种人，老实人就一下子被逼至绝路。

那么王某到底是个什么样的人呢？

以媒体叙述的形象而言，他就是个地地道道的㞞人㞞货。证据是当小菲求助校方，校方派出保安时，王某立即落荒而逃了。

他为什么害怕保安，却不害怕小菲的父亲和哥哥？

因为保安才不跟他客气，不会顾及其他，只会对王某恶劣的行为进行惩罚。

而小菲的父母、哥哥，却是一味地忍让，甚至希望出点小钱摆平。

你生气的翻脸点，恰是对方的动手砍人点。

那么这张图，就变成了这样：

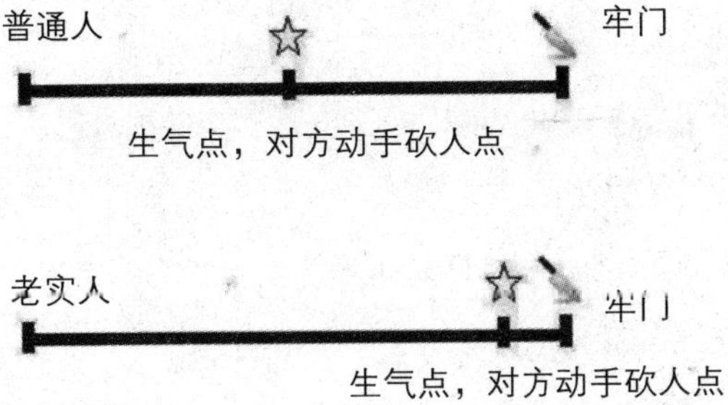

王某在保安面前落荒而逃，那是因为保安是普通人，不忍让着他，不给他太多的自由。所以王某遵循人类天性，向着自由度最大的地方逃奔。

小菲家人一味地姑息忍让，给了屄人前所未有的纵容。你有多恐惧，我就有多无畏，所以他才死缠不休，因为在小菲家里，他感受到自由的快乐。想说什么就说什么，想做什么就做什么，这种快感源自于生命本能，甚至高过对生命的渴望。所以他才不要命地携械夜入，直至死于自己的放纵。

如果小菲家人知道这个道理，早在他第一次进门时就动手，他就会知道这里容不得他撒野，像这类纯靠本能活动的生物，就会因此产生心理压力，就有很大可能选择退缩，小菲一家也不至于被逼到这地步。

当断不断，必遭其乱。

（07）

小菲一家人的遭遇之所以成为热点，是因为我们都是这样的人。

遇事忍让，与人为善。

对方却蹬鼻子上脸，视你的私权之地为他的自由区，不断压缩你的生存空间。

我们在为小菲家人申辩的同时，也要学会保护自己。

第一，收好第二张图。

这张图让你知道，关键时刻如果不敢维护自身权益，你的自由就会被恶意侵蚀，就会距离触犯法律越来越近。

第二个，守好自由临界点。

凡事讲宽容，遇人给笑脸。但前提是大家相互尊重。

但凡对方有逾越之举，一定要正气凛然地告诉他：兄弟，你越界了哦，你已抵达我的翻脸点，不可欺人太甚哦。

第三个，学会赢得别人的尊重。

可以轻松幽默，但不可轻佻。可以沉默寡言，但不可失了静气。孔子说君子不重则不威，重就是要有分量，有学养，有见识，有胆气，不恐惧。

赢得尊重，人不敢犯。

如若有人不知分寸，那就善言相劝。

如果相劝没有效果，那就在距离法律最远的地方解决问题。

这是人生的三道安全防线，一定要守好。

（08）

如果不是为了生存，谁愿意把自己弄得才华横溢？

如果不是为了生存，谁愿意把自己弄得睿智浑圆？

我们都有按自己意愿生活的权利。

然而我们内心的愿望，不能左右这个世界。世上有千奇百怪的人，有人会无私地帮助你，也有人无端欺凌你，对于后者，我们要有应对的手段。

小菲家人的遭遇告诉我们，不能再恐惧了。你越恐惧，生存空间越狭小，人生的很多问题就是这样，该处理时没有处理，越拖延后果越严重。当你鼓起勇气着手化解问题时，才发现事情其实很容易。人生的问题，某种意义上来说正是我们修行的课题，一旦你解决一个问题，认知就会上一个大的台阶。

看看你在认知的哪一层

（01）

人与人的区别，就在于认知。

同一个世界，同一个问题，每个人看到的东西不一样，得出的结论不一样，采取的行动不一样，最终的结果就会不一样。

（02）

说个听来的故事，并不知真假。

有个社交场合，好多朋友聚坐闲谈。

这时候一架飞机，正从空中飞过。

一位老军人仰头，充满自豪地说："知道这飞机是从哪儿起飞的吗？就是在最近的那个机场。那个机场是我们修的。"

众人瞪大眼睛："这可是个大项目，赚了多少钱？"

老军人笑了："这是很早之前的事了。那时候国家很穷，我们当兵的都怀一腔热血。所以那个机场完全是我们军人义务劳动修建的，一分钱也没有。而且是自愿出工，自带工具。正因为我们军人的无私付出，才有了千千万万的机场与公路，才有我们今天的幸福生活。虽然我们没有赚到钱，但这恰是我们的荣光与骄傲。”

大家肃然起敬，纷纷鼓掌。

老军人羞涩地向大家敬礼，起身离开。

（03）

老军人走了，现场有个商人说话了：“我对军人是打心眼儿里尊敬的。只是感觉这事不完全对。”

大家问，哪些地方不对？

商人说：“怎么说呢，再穷的国家也比个人富吧，就算是当时没钱，事后也应该弥补吧。我不是对义务劳动有看法，但凡事都如交易，都要讲一个规则。一笔交易的正常达成，不能总是要求一方面的付出，而应该建立在公平交易、良性循环的基础上。诚实的劳动、勤恳的付出就是应该要求得到合理的报酬。”

众人礼貌性地表示，你说的也有几分道理。

商人得到赞许，很高兴地离开了。

（04）

商人离开后，一个社会学家起身说：“刚才那个商人说的不完全对。我不是反对公平，也不是不支持规则。而是从社会学的角度来看，一个社会不能走入狭隘的交易误区。如果凡事都以冰冷的金钱来衡量，这世上还能剩下多少温暖？如果军人的无私付出，都得不到脑满肠肥的商人一句公正的评价，如果无私奉献都换不来应有的尊敬，这个世界将会变得多么冷漠？”

大家原本就对商人的话存有异议，听了社会学家的这番话后，顿时报以热烈掌声。

社会学家很谦和地站起，向大家致意退场。

（05）

社会学家走了，一个经济学者走了出来说：“刚才那位社会学家的话，我很赞同。但是当我们诉诸情感，单纯地满足于道德优越时，是不是应该从理性的角度，深入地思考一下。从经济学的角度来说，一个机场从动工到修建完成创造了财富的增加值，财富总量加大，国家所发行的货币也相应地增加。可是军人并没有拿到钱，事后也没有补偿。那么问题来了，这钱被谁拿去了？首先声明，我对军人尊重有加，更不会反对义务劳动，同样也希望世界充满爱。回到经济学的本原上来看，一个国家处于贫穷之时，必须要负债经营。换言之，国家最好的办法就是以负债的方式支付修建机场的费用，让财富回归社会，加大货币的流通量。本人尊重所有的奉献与牺牲，但在国家贫穷时的义务付出，实质是在抑制货币的流通，不利于国家的长足发展。”

经济学者说完，众人惊愕片刻，突然一起鼓掌。

经济学家招手致意，退场离开。

（06）

经济学家走后，有一个社会心理学家走出来，他说：“刚才那位学者的话，我很赞同，也很受启发。但是人类社会的构成，不是只有经济这一个维度。很多事情是很难量化的。比如说爱情，比如说家庭，比如说朋友之间，比如说邻里乡党，再比如说一个公司或组织内部的一个小团队。这些隐秘的微小社会单元更强调的是合作，合作并不排斥交易，但万不可凡事交易化。价值是主观的，价格是估算的。如果凡事交易化，带来的结果是合作者各自高估自己的贡献。”

心理学家还说他可以回答刚才那位学者的问题——谁把义务劳动的报酬拿走了？

答案是没有人拿。

又或者说，每个人都拿了。

因为这个报酬无法从庞大的经济总量中筛出来，军人的付出如同输入社会肌体的鲜血，融入我们每个人的身体里。新建机场创造的价值，汇入到货币总量之中，出现在我们每个人的钱包里。

现场寂静片刻，旋即爆发出热烈掌声。

大师脱帽致意，退场。

（07）

社会心理学大师退场，系统学家走出来说：“一个社会，犹如一个完整的有机体，必须要有序良性的运行。

“正如人的身体，内有心肝脾肾肺，外有口眼耳鼻舌。每个器官各司其职，但同时也都在消耗人体组织的能量。因此任何一个器官，必须要大小适度。小了固然不好，但如果太大，就会对其他器官造成挤压，反而妨碍人体健康。

“义务劳动好不好？

“没人敢说不好。

“我们这个社会需要军人，也需要商人。需要社会学家，也需要经济学者，同样需要社会心理学家。这就好比人体的五脏，大家各自做好自己的工作，相互尊重，相互扶助，这个社会才会越来越好。

“这是我的一点拙见，不知大家是否认可？”

众人点头鼓掌。

系统学家微笑退场。

（08）

系统学家走了，一位认知学家走出来：“军人义务修建机场，是个事实。这个事实构成了当事人生命的记忆，因此他引以为豪。”

在这个当事人引以为豪的事件上，我们先听到了掌声，这是第一时间的心理冲动，是我们的社交本能。

然后我们听到了商人的情绪，接下来听到了社会学家的立场。此二者相互对立，并因对方存在而存在。

然后我们见到了事件的经济维度，并引出了事件的社会心理维度。此二者仍是个对立体，构成新的认知层级。

由此我们知道，当我们面对一件事情时，第一反应是本能，第二反应是情绪，第三反应是立场，第四反应是利益，第五反应是兼顾他人的社会心理。第六反应是认识到前五步并无高低优劣之别，而是一个完整认知的五个组成。

社会问题的讨论也是如此。

（09）

当出现社会问题的讨论之时，你会清晰地看到五个层级：本能层、情绪层、立场层、利益层及社会心理层。

很少有人能够观察到系统认知层，除非你处于更高认知层级。

下愚莫揣上智，处于本能阶段的人，因其视野闭塞，会以为所有人都在这个层级。会震惊于不同观点的出现，认为对方脑子有病。

处于情绪层的人蔑视只有本能的人，却不知道自己已经陷入激烈的情绪。

处于立场层的人忧心忡忡，他们承受着惩恶扬善的焦虑。

处于利益层级的人，面对大量的本能公众、情绪公众及立场公众，有种众人皆蠢我独明智的飘然感，却不知自己陷入专业偏执。

处于社会心理认知层的人，格局放得开，眼光看得远，却未意识到自己虽然看到了全局，但并未跳出全局。

纵然跳出全局，也仍在局中。

必须要见大通简，迎刃破局。犹如鹰隼飞于高空，俯瞰一个个社会与人生问题。你会发现许多问题不过是虚像，许多事情不过是整体系统的有机组成。当你获得这种思维视角，所谓的人生困惑就会立刻豁然开朗。

关于爱的认知，你可以做得更好

（01）

终有一天，我们要说到爱情。

说到相伴，说到一同老去。

多数人会拥有他们的婚姻。或许并不是他想要的，但必是他应得的。

只有懂得爱的人，才能够从爱中获得滋养。

（02）

爱是非理性的。

但失去理性并不意味着就能得到爱。

获得爱、享受爱的人，一定比其他人多知道一些东西。

这些东西，是什么呢?

（03）

有个小朋友很有爱心。

央求爸妈给他买了一只小乌龟。

小乌龟很懂事，每天在小朋友脚下爬来爬去，带给小朋友好多欢乐。

可是忽然有一天，小朋友发现乌龟不见了。找了好久才在门后的角落找到。可此时，小乌龟已经一动不动了。

抱着死去的小乌龟，小朋友号啕大哭。

父母也落下了泪，抚摸着孩子的头，说："宝宝，虽然小乌龟死了，可是它和你度过了很多美好的时光，始终是很快乐的。来吧孩子，让我们替这只快乐的乌龟，举办一个葬礼。"

爸爸妈妈告诉小朋友可以找一个漂亮的盒子，把小乌龟装进去。在海边找一块高地把它埋葬。并且在旁边立块碑，上面写——这里安息着一只快乐的乌龟。然后再买束美丽的花，放在乌龟的墓碑旁。

小朋友忍着悲痛，开始和爸爸妈妈一起来置办这些东西。先找来只漂亮的盒子，又去寻找适用墓碑的石块，再去花店选择漂亮的花。

忙碌了大半天，小朋友回到房间发现小乌龟不见了。

大家赶紧到处找，一直寻找到客厅，才发现那只乌龟正从沙发下吭哧吭哧地爬向厨房。

这只乌龟居然又活过来了。

爸爸妈妈长松一口气，庆幸小乌龟还活着。

小朋友却失望极了："那葬礼怎么办？"爸爸妈妈说："小乌龟好端端地活着啊，不再需要葬礼了。"

（04）

爱情，就是因为爱而感受到的情感。

但从情感滋生出的爱又是什么？

（05）

你为什么爱身边的人？

假如你生在另一个时代，比如说你生在唐朝，或是生在古希腊，你还爱现在这个人吗？

那你肯定没法再爱他了，因为你根本不知道他的存在。

每个人都被环境所左右，只能接受现在拥有的幸福，并于现在的幸福中体验欢乐快感，这就是爱。

知道了这个道理，你就学会了爱，懂得了爱。

（06）

我有个在杭州的学生，她说她的母亲是很懂爱的人。而她就是从母亲的身上学会了如何去爱，如何获得更多的爱。

这位母亲在她少女时代喜欢带一本书，在湖边的树下，一个人坐着慢悠悠地读。有一天父亲骑自行车经过，一眼就被这幅画面打动了：湖水，繁花，柳树，宁静读书的姑娘。

然后父亲就上前问路："姑娘，湖边怎么走？"

母亲："湖边……这里就是湖边。"

连续几天，蠢萌父亲都会来找母亲问路。终于让母亲知道了他的想法。

然后两人开始闲聊。

接下来是约会。

母亲喜欢去的都是景色极美的地方，而她的身边总是少不了书。

之后两人结婚，不久之后还有了一个小公主。

然后父亲的生意就崩盘了。

（07）

生意失败后父亲非常沮丧，甚至天天躲在家里，门都不肯出。只是一个人喝闷酒。

母亲的一切生活照旧。

母亲每天照常料理家务、上班。黄昏时给婴儿车里的女儿换上最漂亮的小衣服，自己也打扮得漂漂亮亮，带上一本书，推着女儿到附近的小花园，找块干净的石头坐下，一边手扶着婴儿车，一边静静地看书。

公园里有许多女性做妈妈之后都开始不在乎自己的形象。精心打扮再出门的母亲却不管走到哪里，总会遇到男人借故搭讪。

落魄的父亲感受到了压力，开始寻衅和母亲吵架。每当这时候，母亲都会平静地说："嘘，不要吓到我的宝宝。"

女儿三岁那年，父亲的压力升到极点。有个挺有钱的老板，一直想挖母亲去他公司做助理，为此专门找到家里。对方前脚出门，父亲后脚就把家给砸了。

母亲说："家砸了也好，反正这些东西都需要换新的了。"

母亲的态度始终是这样，永不失态，绵里藏针。

把家砸碎算是父亲人生最大的转折。此前父亲一直处于失败阴影之中，不敢出门。但家已经被自己砸碎，再继续待下去，好像意义不大。

父亲从此走出家门去寻找以前的朋友，托人帮忙获得机会。母亲则一边唱歌给女儿听，一边把砸得稀烂的家慢慢收拾干净。

等到她 7 岁时候，父亲已经在一家公司做了小主管，收入虽然不高，但已经恢复了自信。而母亲因为淡定的心态，似乎越来越年轻。

心若不动，风又奈何？你若不伤，岁月无恙。

（08）

女儿 12 岁那年，父亲开始了又一次的创业。

这位父亲的性格开始趋于温和，从妻子身上学着不发火，不失态，不浮躁，不怨天尤人。再加上事先准备充足，事业做得越来越大。

（09）

讲这个故事的女孩告诉我：

不是我是女人或是你女友、你妻子，你才爱我。

而是我值得。

其实这才是爱。

她拿出母亲的照片让我看。

这个母亲并非国色天香，但她身上的那种气质：温和、娴静、优雅、从容的气质成功吸引住了我。

女孩说她母亲从 12 岁开始每周必读一本书。大概母亲是从读书中体会到爱情的真谛。

真正打动人心的，是读书时体会到的感受，而非书本身。

她母亲最喜欢的书是《简·爱》，喜欢到了爱不释手。但如果这本书丢了，丝毫也不会影响她的心情，只要再买一本即可。

没有什么不可替代，千万不要以为你独一无二。

每个人如同一本书。你被收藏、被人爱只是机缘与幸运。要维持这种机缘与幸运，就必须让对方每次翻阅你时，总是能体验到难以言喻的快感。

（10）

我爱你，但与你无关。

只不过是沉醉于爱你时的这种感觉。

要多么虚弱无力，才会天天追在人家后面，不停地问："还爱我吗？"

世间没有无缘无故的恨，也没有无缘无故的爱。所有的爱情，都是有其因由的。明了这种因由，会让我们获得无尽的爱，体验到快乐的爱。但如果把这个因由当面说出来，情感结局就有点不妙。因此大家都喜欢说爱没有理由，只是爱而已。

当然，我们不排除世间真的会有一个人，或是一群人，无缘无故地爱你，这个概率比较小。我们要正确地解读世界，不要以为纵然自己再不堪，爱自己的人也会无怨无悔。

20 岁的女孩，活在青春里。30 岁的姑娘，活出韵味来。40 岁的女人，活在智慧中。50 岁的女人，活在坦然里。现代女性，最大的幸福是遇到了一个美好的商业时代，这个时代里，体力的价值被降到最低，女性获得了运用智慧与男人分庭抗礼的能力与机会。解读爱或任何事情，不能脱离时代，所以现代人唯一的痛苦，是有些人的思想仍然守在旧时代，做不到自强自立自尊自爱，因而失去了人生的掌控权，徒劳地想要依附他人，背离于爱的主旨，自然就疏离于爱。

第二章

那些年我们受过的欺骗

那些年我们受过的欺骗

（01）

在书上读到一句话：

对成年人，尽量宽容些。

为什么呢？

因为有些成年人，心智太稚嫩，脑子不成熟，做事不着调，说话不靠谱。

（02）

马老师，文化名人，我们暂且叫他马老师。

擅长鉴宝，家藏古董无数。

忽然有一天，他家里来了几个半生不熟的朋友：“马老师，有黄花梨家具哦，要不要去看？”

走到门口，马老师忽然迟疑起来：“东西在哪儿？远不远？”

“不远不远，一会儿就到。”

马老师欣然上车，很快就出了城。向前开，向前开，开呀开呀开呀开，飙车飙到大半夜，马老师顶不住了：“喂，我说兄弟，这都走了大半夜了，到底还有多远？”

“不远不远，已经走了一半了。”

马老师心想这是开车一整夜的路，还说不远……

可已经走了一半了，放弃实属不智。

硬着头皮，继续跟着走。

开呀开，开呀开，眼看着太阳似枚蛋黄从地平线噗噜噜挤出来。

天亮了。

马老师忍不住再问：“兄弟，该到了吧？”

这时候对方拿起地图，左看右看，上看下看，露出兴奋之色，扭头对马老师说：“好消息，好消息，现在我们真的走了一半了。”

马老师差点没昏过去。

这都是什么人呀，出门时说一会儿就到，飙车到大半夜，才说走了一半。开了一整夜的车，还是走了一半。这些人说话，太不靠谱了。

（03）

为什么有些人老大不小，说话却一点儿也不靠谱呢？

原因有很多。

马老师碰到的是几个朋友想去外地看古董，自己鉴宝能力太差劲，就想拉上马老师。可是距离太遥远，怕马老师不想去，就谎称路程不远，目的只是让马老师与之随行。

这几个人太重视眼前小利，不考虑马老师心里的感受，所以他们必然会失去马老师的友谊。

所有的不靠谱，都因为其目光短浅，考虑不足。

（04）

有对夫妻，丈夫姓华，妻子姓佘。

生了两个蠢萌宝宝。

为启迪俩萌货的智力，父亲每隔一段时间，都要给孩子读点心灵鸡汤鼓励一下。

二宝8岁那年，有一次兄弟俩坐在小板凳上，听爹爹的励志故事。

大宝二宝：“爸爸是做什么工作的？”

父亲：“爸爸是外科手术医师，每天要割十多条阑尾。”

“阑尾是什么？”

“就是人身体里多余的组织，用处不大，但阑尾如果穿孔，是会要人命哦。”

“爸爸你好厉害哦。”

华医生又详细地告诉孩子们，他只是个普通医务工作人员，割阑尾只是个小手术。以前有个英国外科医生，来到一座小岛。小岛很落后，没有医院也没有医药箱，可是忽然间医生的阑尾穿孔发炎了，如不及时手术，就会死掉。于是医生躺下来，让人抬起一面大镜子，自己对着镜子，切开皮肤，分离脂肪，手伸进去，寻找盲肠，揪出盲肠，咔嚓一刀，割掉阑尾，炎症顿消。

听到这个故事，大宝二宝激动得全身颤抖：“爸爸，你能不能也给自己做手术？”

华医生无奈地说：“如果环境特殊，必须给自己做手术的话，应该可以。”

（05）

两个月后的一天，华医生腹部剧疼，阑尾发炎。

急忙喊两个孩子："大宝二宝，你们赶紧去医院，叫救护车，爸爸病情危险，必须要做手术。"

俩萌宝冲出家门，冲向医院。

先去手术室，大宝缠住女医生，夸医生姐姐漂亮。女医生笑得花枝乱颤，心想这不是华医生的那俩蠢宝宝吗？谁说你们蠢，听听你们这小嘴多甜。

女医生只顾开心，却不知道华家二号蠢宝，趁机溜进手术室，偷了一个手术包。

偷到手术包，俩萌货疾奔如电，嗖嗖地跑回家。

把妈妈的镜子拿过来，放到父亲床前。把手术包打开，放在父亲手边。然后俩萌货举起镜子，让父亲看着自己。

华医生问："……你们在干啥……救护车来了吗？"

二宝说："叫救护车干什么？爸爸你给自己做手术，不是更好吗？"

躺在床上的华医生发出了绝望的哭号声。

后来华医生的二宝成了一名作家。

（06）

那位作家的父亲给孩子讲英国医生给自己做手术的鸡汤，目的只是想说，自己从事的是普通工作，没什么可炫耀之处。

但他无论如何也想不到，自己的这两个孩子竟然当真了。

他并不想欺骗孩子，所以差点坑了自己。

这世上，还有多少这样的父亲。

还有多少不靠谱的鸡汤。

（07）

我们在长大的过程中，听到过不少谎言。

有意识的谎言和无意识的谎言。

之所以存在有意识的谎言，是因为我们有着自由意志，只听从自我的内心。所以有些人希望我们奉他们的意志行事，就必须曲解外部环境。

比如说马老师那几个极不靠谱的朋友，邀请他去看古董。可是担心他不肯去太远的地方，就采用了欺骗的手法来达到自己的目的。

无意识的谎言则往往是一个极端事件，只为满足内心愿望。

诸如那位作家，他在8岁时，听父亲讲的英国医师给自己做手术的故事。这种事也不是不可能，但却是极端事件。因为极端，所以构成认知冲击，成为谈资。

所以余家兄弟，渴望父亲也成为能给自己做手术的英雄，好让自己在小朋友们面前，露脸炫耀。

有意识的谎言，容易识破，因为它让我们心里不爽。

但无意识的谎言与我们的认知构成一体，成为我们内心深处的愿望，我们往往不愿意识破，甚至会对戳破之人产生深深的怨怼。

（08）

人类认知包括两部分：

一部分是由隐秘的愿望或固化的观念激发出的情绪，另一部分是对客观环境的理性判断。

8 岁的作家，还不具备健全的辨识能力。

把父亲讲述的极端故事当常态，想让父亲给自己做手术，差点坑死亲爹。

这事儿正常。

但人长大了，就需要走出无辨识力的状态，明白愿望是愿望，现实是现实。

走不出来的人，就如 8 岁的作家，眼看着暴怒的父亲，心里却感到很委屈。给自己做手术，这话明明是你说的吗，我全都是照你说的做，有什么错？

（09）

人之一生，不过是辨识真伪的一生。

观察别人心里的愿望与情绪，避免上当受骗；更要观察自己心里的愿望，避免自欺欺人。

人骗我一时。

我骗我一世。

秦朝末年，秦二世登基。他讨厌坏消息，只想听到好消息。于是大家只拣好听的说。可没多久乱兵就杀入宫来。当时秦二世愤怒地责怪身边太监：“怪你们，都怪你们，不把真实消息告诉我，现在惨了吧。”

太监回答：“怪我咯？我就是因为不敢说真话，才活到今天。告诉你真实情况的人，都被你杀掉了，你蠢成什么模样，自己不知道吗？”

世上有些人，没有秦二世的命，却得了秦二世的病，听不得刺耳的忠言。

之所以忠言逆耳，逆就逆在人性，逆在我们太爱护内心的小情绪，不惜扭曲现实也不愿正视现实。

不被人骗易。

不被己骗难。

之所以难，那是内心深处的渴望，构成一个死循环，让我们越陷越深。比如说我们渴望买彩票中大奖，脑子里就会产生出许多想象。先圣孔子应付这事儿最有经验。他说，胡思乱想一整天不如静下心来读会儿书。你我的生命就不会出现空白，不是让幻想所填充，是要让读书实践所填充。读书、旅行、交友、实践让你的见识日增，慢慢地你就越容易辨识幻想与现实，越不会被自我的和他人的各类谎言欺骗。

我有个故事想讲给你听

（01）

有个很好的故事，为人父母者都应该听听。

在我读到这个故事时，就觉得如果有哪个导演能把这个故事拍出来，绝对是个超越奥斯卡的传世教育片。

这是一个征服的故事。

（02）

这个故事出自早年尤凤伟先生的小说《石门夜话》。

再伟大的作家，可能一生只有一次机会，能够写出这样的故事。

把人性穿透，把世间规律穿透。把一切的一切，如糖葫芦般的穿透，让你看明白想清楚。

（03）

《石门夜话》的故事非常简单。

一个土匪，把一个女孩绑上了山。

为了让女孩接纳自己，土匪向她讲述了自己的故事。

“我本富家子，零落依草木。出生时良田万顷，奴婢成群。可有天家人带我出门，留我一个小孩在船上，大家上岸游玩。不曾想有个人认错了船，以为我家的船是他的，上来划着就走。船划了好久，那人才发现弄错了。这时他看到船上只有我这么一个小孩子，顿时起了坏心。”

这是我们要知道的第一个人生道理：

造化弄人。

（04）

“从此我远离父母，被拐到了乡下。

“长大后，养父把我当年挂在脖子上的长命锁还回来，让我自己回家，寻亲认祖。

“归心似箭，坐船返回生父家里。见到父亲说：‘是你亲生儿子啊！’

“生父笑道：‘骗子，滚出去。’

“我明明在说真话，可父亲他为什么不肯信呢？”

这是人生的第二个道理：

真话只有被人理解时才会有力量。

当你不够分量，说了真话也没人信。

最失败的人生，莫过于赌气非要别人相信自己。

（05）

“生父不相信我，除非我能拿出证据来。

“我只能用幼年戴的长命锁证明。

“可长命锁被我丢在了来时的船上。

“没办法，只好回去找那条船。

“找了好久才找到，但是船老大，假装懵懂，不承认他捡到了我的长命锁。

“长命锁，对他一点价值也没有，可他就是不肯归还。”

这是人生的第三个道理：

你在意的，恰是你的弱点软肋。

越在意，越被动，越受制于人。

（06）

“船家不肯归还长命锁，怎么办呢？”

打？打不过。

骂？没有用。

哭？没效果。

闹？是枉然。

最后只能谈判。

这是人生的第四个道理：

你有理，你是对的，但你居于弱势，人家占据主动。这时候你万不可赌气，一定要学会谈判。

弱者的武器是谈判。语言力量可以抵消对方的博弈优势。

谈判，就不能指责对方，不能说对方错了。

谈判，就必须妥协，割让利益。

人生在世，别老是哭着要公平，吵着讲道理。

只有谈判才是人际交往的铁律。

（07）

“我跟船老大达成协议，他还我长命锁，等到我认祖归家，给他以丰厚回报。

“终于拿到长命锁。

“我兴冲冲跑回家，可还没进门，父亲就怒吼道：‘不许那个骗子靠近我的家门！’

“我真的很生气，掏出长命锁扔给父亲。

“因为父亲的不信任，我选择不回去，上山当了土匪。”

这是人生的第五个道理：

我们什么人都可以原谅。

却唯独不肯原谅至爱亲人。

太多人生悲剧，都是亲人之间，不肯相互原谅带来的。

如果我们，对亲人能如对待陌生人那般宽容，生活就不会如这般痛苦。

（08）

接下来，土匪大哥对绑来的女孩，讲述自己爱情过往。

“我做小土匪时，和大土匪的小夫人相爱了。

“还有了爱情的结晶。

“后来被发现了，这可怎么办呢？

“还是得谈判！”

这是人生第七个道理：

语言也是保护自己的武器。

人类，生活在观念中，生活在语言之中。

语言的力量，可以扭曲现实，可以化黑为白，可以颠倒是非，可以混淆善恶。可以让人相信无法相信的，可以让人接受不可接受的。

永远心平气和，永远保持冷静，才能获得语言的武器，保护自己。

（09）

“我对土匪老大说：‘大哥，小夫人怀孕这事，只要你不说出去，谁知道那不是你的孩子？’

“土匪老大认真一想，觉得有道理呀。美丽的夫人犯了错，可以选择原谅。

“但要我必须死。

“我猜到了土匪老大的杀心，选择了逃跑，在路上我把衣服浸入河水，然后再穿在身上。寒冬腊月，衣服冻得很硬。此时弓箭手对我狂射箭，但是就是射不死我。”

现在来说人生第八个道理：

语言力量虽强大，但还需有张能抵御冷语利舌、厚实坚韧的皮，才是生存之道。

（10）

故事中的土匪哥哥，什么道理都懂，而且运用起来得心应手。

却过不好自己的“匪生”，活得朝不保夕。

何以如此？

因为他生活在对骨血至亲的怨恨中。

如果他把用在女孩身上的那些温柔与耐心，那些豁达与敞亮用在自己身上，用在与亲人相处上……这个故事早就结束了。

这是人生终极的道理：

我们的错误，或许会是别人的谈资。

我们的悲剧，或许会是别人的喜剧。

对至亲亲朋，要如对陌生人那般的耐心、温柔。

永不挟恨。

（11）

人的一生，有时候要不断地征服自己。

征服靠的是柔韧的力量，持续、密集、绵绵不绝。甚至有整套严密完美的逻辑认知体系：

一、知道凡夫心随境转，不乱给人贴标签。

二、真话虽然重要，但也不要过于执拗。

三、你在意什么，就会被什么控制。

四、别讲道理，时刻谈判。

五、原谅亲人，永不挟恨。

六、幻境操控人心，欢疼未必是真。

七、语言文字，可以颠倒黑白。

八、妙语是矛，皮厚是盾。以矛取之，以盾御之。

上善若水，大智若愚。

我们的人生目标，我们的幸福与快乐，如同故事中的女孩，就在旁边扭扭捏捏。硬来是不行的，太暴力，缺乏美感。由此引发的反弹会让我们失去所有。唯有不急不躁，循序渐进，掌握语言的力量，学习谈判的艺术，打通人性，洞悉规律，才能始终保持冷静，不失陷于情绪的紊乱之中，才能够等到大地回春，冰雪消融，尽情享受生活的愉悦。

欲望的傲慢与偏见

（01）

新出炉热词新语：

第一个词，自杀式单身。

单身，交际心强烈，但不主动扩展社交范围，宅在家里幻想。

第二个词，排遣式进食。

没食欲，吃东西纯粹是嘴巴太寂寞。

第三个词，万能好运绝缘体。

抽奖抽不到，恋爱没人要。上床睡不着，游戏被秒掉。

第四个词，隐形贫困人口。

有吃有喝有玩，但实际上非常穷——就是心穷！

这些词共同的特点是没有活力。

年纪轻轻，死气沉沉。

甚至没有正常的生物欲望。

谁都有选择自己人生的权利。我们不了解别人，不知道人家经历了什么，没资格指手画脚。但我们可以聊聊欲望。

（02）

之前在杭州，有一位 16 岁的少年冲进派出所报案。

原因是父亲弄坏了他的鞋！

他把爸妈反锁在家中，来派出所报案。

就为一双鞋来报案，这让警察哭笑不得。

这双鞋的价格是 8000 元。

（03）

少年拿来的这双鞋是 AJ。

Air Jordan（空中飞人）是在青少年人群中极受追捧的牌子。

8000 元的 AJ 不过是起步价，但这也超出了少年的消费能力。这双鞋是少年和他的一个朋友一起拿出积攒的压岁钱和零花钱，一起凑了 8000 元，买了这双鞋，两人会轮流穿。

四只脚穿两只鞋，鞋子脏得有点快。

少年花了 50 元钱洗鞋。

父亲难以理解洗双鞋子就要 50 元，暴躁气怒之下，父亲把这双鞋摔坏了。

悲愤的少年，不知如何向伙伴交代，就拎着这双鞋来派出所报案。

（04）

看到这则新闻，许多人第一时间想到的就是：

虚荣！

我们之所以有这样的惯性思维，是因为长年经历的条件反射训练。

在传统教育理念里，艰苦朴素是根正苗红的美德。如果有一点不艰苦的想法，不朴素的念头，大家都会归纳为虚荣。

影视剧中，爱慕虚荣的人，从来没有好下场。

男人虚荣，身败名裂。

女人虚荣，追悔莫及。

可年轻孩子，为什么贪慕虚荣？

(05)

是不是只有孩子才爱慕虚荣？

根本没那么一回事！

虚幻的荣耀感是人类与生俱来的欲望需求，会贯穿人的一生。

有个小哥哥，听他上幼稚园的弟弟，在跟小朋友比拼谁的哥哥更厉害。

弟弟："我哥哥敢上树。"

对方："我哥哥敢上房。"

弟弟："我哥哥敢开飞机！"

对方："……你叫你哥开一次我看看。"

哥哥急忙跳出来："不，我不敢！"

年幼的小朋友都知道跟对手比拼家人。可哥哥飞机开得再好，也不是小朋友自己的本事呀，对吧？

炫耀自己没有的东西，这就叫虚荣。

幼时拼父母，拼家人。青春期拼穿衣，拼打扮。进入社会后拼工作，拼收入，拼配偶。人到中年拼孩子。到了晚年，拼广场舞上老头或老太太为自己打架的频率。

人生一世，草木一秋。

虚荣是人类应该摒弃的缺点，而且需要强大的内心支撑力，生而俱来，死而不灭。

绝不是说一句轻飘飘的“不要虚荣哦”就能糊弄过去的。

（06）

人类为什么爱慕虚荣？

1973年诺贝尔生理学或医学奖得主劳伦兹，曾长年观察一种野禽：雁鹅。

雁鹅长得壮飞得高，理应拥有无可争议的竞争优势。然而奇怪的是目前已濒于灭绝。

为什么呢？

劳伦兹研究发现，雁鹅濒于灭绝的原因是雄性雁鹅爱慕虚荣！

为了获得求偶优势，雄性雁鹅把自己翅膀肌肉生得厚厚的，羽毛色彩超艳丽。

一旦遭遇天敌，雄雁鹅根本飞不起来，最后被天敌逮到吃掉。

雄性数量锐减使得物种即将灭绝。

爱慕虚荣的何止雁鹅。野鸡会用捡来的羽毛，把自己打扮得漂漂亮亮，从而获得求偶优势。

还有一种鱼会搜集人类丢弃的塑料片，不知用什么办法，绑在自己尾巴上，以吸引心爱的鱼儿的注意。

可知虚荣具有普遍性，是物种在千万年的进化中获得繁衍优势的本能。

(07)

过度的虚荣则是一种心理缺陷，经过教育是可以改变的。

但是有些教育只会起到反面效果。

许多父母，采用错误的方式，试图扭转孩子的本能。

第一种错误：苦口婆心式。

“孩子，咱们家穷，买不起这么贵的鞋。”

错误原因是咱们家境好不好跟人性本能没有关系，说服效果近于零。

第二种错误：恨铁不成钢式。

“你怎么这么不省心，这么不懂事呢？”

错误原因是即使孩子再懂事，还能把人性本能泯灭吗？不是孩子不懂事，是你父母不明理。

第三种错误：上纲上线式。

“没出息，好的不学，学到的都是这些没用的。你怎么不跟人家比学习成绩？你看谁家的那谁谁……”

错误原因是这种方式是羞辱，不是教育。

凡是不知道如何引导孩子的父母，多是自身陷于本能迷惑，对欲望带来的虚荣持完全否定态度。

警惕你的否定、愤怒与反感。

那里就是你的认知边界！

自己都没弄明白，稀里糊涂地活着。为了逃避现实而设置思考边界，灭绝欲望，消除虚荣。久而久之，就成了自杀式社交，排遣式进食，万能好运绝缘体与隐形贫困人口。当孩子的行为或要求到达父母的认知与能力极限，父母就会陷入恐慌。

就会用别人家孩子当借口，通过侮辱孩子，逃避问题。

逃避于事无补。

人生终要面对。

（08）

当孩子提出超出家庭经济能力的需求时，恰是绝好的教育机会。

为父母者，须得避免两个陷阱。

第一个陷阱：不能认㞞。不能把本能天性的东西认为是错误并归咎于自己。

第二个陷阱：不能因为恐慌而攻击，要尊重孩子的欲望，尊重人性本能。

避过这两大陷阱，需要对孩子说五句话。

第一句：“孩子，你想要名鞋名包，这种要求是正常的，是人的天性。”

第二句：“天性不可对抗，必须尊重。”

第三句：“天性不会带来任何麻烦。带来祸患的，是满足天性的方法和手段。”

第四句：“人生的目标，就是以正确的方式努力满足自我天性欲求。”

第五句：“无论破鞋烂包有多昂贵，也贵不过我们自身。让我们一起来努力，成为高价值的人，成为配得上人世间所有美好事物的人。当我们自身价值比鞋包更贵，此时的要求就不再是虚荣，而是实荣！”

这五句话，不只是说给孩子，也说给那些过早陷入隐形贫困，经济实力未随年龄一同增长的父母。

（09）

过犹不及。

欲望太强或太弱，好像都不太妥当。

欲望太强，是动物。

欲望太弱，是废物。

传统教育以虚荣的天性为敌。教导孩子要乖，要听话，要老实，不要有任何超过父母能力的欲求。物极必反，久而久之走到了事物的反面。

孩子们是乖了，懂事了，什么要求都没有，甚至连欲望都没了。

他们成了自杀式单身，排遣式进食，万能好运绝缘体，隐形贫困人口……这些所谓的热词，每一笔每一划，都透着绝望的气息。

年轻的身体，却有颗苍老的心。

没有欲望，真的是好事儿吗？

激昂的青春，巅峰的体能，弥漫的活力，膨胀的进取心……当年轻人失去这些，这个世界还会好吗？

别人可以剥夺你，欺凌你，剽掠你，但绝不可能打败你。一个人被打败，一定是他先行熄灭了不羁的野性之火，丧失活力，颓废消沉。这时候你纵把金山银山堆在他面前，他也仍是唉声叹气地哭穷，因为他的心已经失去热度，只能感受到无尽的阴冷。

相比于这类丧失活力的人，我更喜欢 16 岁就买 8000 元一双鞋子的孩子。至少，孩子的欲望还是活的，还有激情，还有渴望，还在挑战人生，还有在同龄面前炫耀自身价值的冲动。父母一定要呵护孩子心里这点活力，如果说有什么能让人获得无畏的前行动力，一定是野性欲望与激情的驱使。正视你心里的欲望吧。我们的认知欠欲望一声道歉。是到了为自己的心松绑的时候了。这时候环顾这个世界，我们才会看到紫陌红尘烟花雨，才会听到柳丝桃红羽衣曲。才会感受到惊鸿春梦雪痕泥，才能领略到百战归来御甲衣的静谧，才能享受到拄杖遥望东篱菊的乐趣。

不要在欺骗中学会成长

（01）

胡女士一直在北京创业。

偶然认识了来自喀麦隆的一位男士（以下简称喀麦男）。

喀麦男自称出生于法国，是清华大学博士和牛津大学硕士。

胡女士为了资助他完成学业，转给了他 100 多万人民币。

此后，喀麦男提出要在喀麦隆买地建楼。

胡女士打款 302 万人民币。

喀麦男在巴黎参加联合国全球气候大会，胡女士转 20 余万人民币。

喀麦男要在巴黎买房，胡女士再转 277 万人民币。

然而，胡女士也不是有钱人，为了资助喀麦男，她先抵押了自己在北京的房产，最后又把房产彻底卖掉。

故事的发展想必大家都猜到了。

胡女士知道的时候大吃一惊。

（02）

到了法院，胡女士才知道喀麦男所说的一切，除了在清华读书是真的，其余都是假的。

她拿喀麦男当亲人，一共转账 750 余万人民币。

这笔钱有一部分还转入了喀麦男怀孕女友的账户。

倾家荡产，替别人养女友……胡女士好难受。

喀麦男被判处有期徒刑 14 年，处罚金 14 万。

附加驱逐出境。

（03）

古人说一个人赚到的钱，大致有五个去向。

第一份给医生花。病了就得看医生，就得花钱。

第二份遇到天灾人祸的时候花。水灾、火灾、地震、海啸等等这都得花钱。

第三份给家人花，这个是毋庸置疑的。

第四份给其他人花。这个也叫纳税，没人逃得过。

还有一份是给骗子花。

在古人的财富认知体系里，骗子堂堂正正居有一席。也就是古人觉得人这一生难免会遇到骗子，我们会在欺骗中成长。

（04）

每个人仿佛都在不断地重复三个故事：

第一个故事叫希望，就是正义战胜邪恶；

第二个故事叫绝望 ，就是正义还没到来；

还有第三个故事叫“绝望之为虚妄，正与希望相同。”

能讲好第三个故事的，或是不世出的智者，或是没品位的骗子。

（05）

麻省理工学院最年轻的经济心理学家丹·艾瑞里曾分析过人类史上骗子的套路。

始终是来来回回五个步骤。

第一个步骤叫光环效应。

所有的骗子出场的时候无一不是光彩照人，都有一串说出来吓死人的头衔。比如说胡女士遇到的喀麦男，又是清华的博士，又是牛津的硕士。如果他直说自己是喀麦隆的骗子，胡女士还会打钱给他吗？

第二个步骤叫机会难得。

当骗子用光环震慑住你之后，就会推心置腹关爱你，送你个千载难逢的发财机会。比如喀麦男送出的就是喀麦隆的固定资产。如果胡女士不上套，喀麦男还会有第二个、第三个“发财”机会，不怕你不上套。

第三个步骤叫恐惧推动。

你会怀疑光环等身的人物，你还会调查、研究以及认真地思考。

然而时间不等人，骗子带来的“发财”机会都是转瞬即逝的。你稍一犹豫，机会就没了，而且你这辈子都不会再碰到。

被骗的疑虑和错失机会的恐惧让你备受煎熬。最终，你会觉得与其错了，也别误了。犹豫不决，莫如行动……你就会冒险一试。

第四个步骤叫竞价陷阱。

在诈骗心理学中又称登门槛效应。

曾有一个教授在课堂上拍卖100美金。你可以出任何数目的钱买走这100美金。

第一个学生出价10美金。第二个学生出价20美金，第三个……第四个……最后大家发现，竞价变成了斗气，我宁肯出180美金，也不让你只花160美金把钱买走，要不然多没面子。

最后你花了200美金拔得头筹。兴奋之后，醒过神来发现你花200美金买了100美金……你说你这是在干吗？

这叫形势比人强，博弈大过天。说到底人终究是情绪动物，而非理性动物。所有的骗局都内置人性黑洞，不怕你不进来，进来就甭想出去。

第五个步骤叫骗局套路，单向不可逆。

钱进来容易，但出不去。

比如当胡女士第一次把钱打给喀麦男时，就再也无法退出了，只能寄望喀麦男说的是实话，没有欺骗她。

（06）

我们的一生都在选择。当然我们也选择过无条件相信别人，即使我们可能会被骗。

选择没有对错。

有的只是风险与机会的把握。

把握得好，选错了也可及时止损，不致伤筋动骨。

把握不好，纵然选择正确，也会把一手好牌打烂。

（07）

世间遇到骗子最多的，莫过于投资人。

好的投资人一定会看五个点。

一看口碑。

遇到光彩夺目一身头衔的人，先要冷静地剥离其外在的虚妄，让他裸露出内在。

比如说清华留学生——闪亮的是清华，跟学生无关。

如果一个人拿清华撑场子，而不是替清华挣面子，他的实力究竟如何，你自己琢磨吧。

二看投入。

人生投入有个法则，叫10倍法则。

什么意思呢？

人生任何事情实际的投入及时间是你估算总量的10倍。

比如胡女士，她帮助喀麦男读书成才需要100多万人民币。可接下来她惊讶地发现，她还要养喀麦男的家人，养喀麦男怀孕女友，给喀麦男置业。这些费用至少需要1000万人民币。

把你的项目预算乘以10，可能就接近于真实预算了。

三看陷阱。

人生路，步步难。

投资路，处处坑。

我有个朋友是靠谱的投资人。当他与人谈项目时，会问对方："告诉我坑在哪里？"

"坑？"对方一般会支吾，"我的项目没有坑。"

是地就不平，是路就有坑。

如果你不知道坑在哪里，一定是你没想明白。

记住这句话——没有风险，就没有收益。

四找出口。

你进入一个陌生的房间，至少要知道从哪里出去。

如果有人劝你投资，一定先要知道钱的出口在哪里。

你的钱随时可以退出来。

如果退不出来……那就再多想想吧。

五设止损点。

任何投入必须先设止损点。

设好止损点，如果接近止损点三分之一，就要拉响警报。接近止损点三分之二，那就赶紧收手。如果等到了止损点你再决定，时间的滞后效应会把你全部身家卷进去。

（08）

所有的骗局都是心理骗局。

先是自己骗自己，骗子才会有机会。

期待天上掉馅饼，映衬的是害怕失去的恐惧之心。

我们是人，是情感动物而非理性动物。既然骗局构建于人性之上，因此落入人性陷阱，并非是什么难堪之事。

反而或许是一次让我们近距离俯视人性，观察自我的好机会。

走近人性，走近自我，你就会发现，之所以世间有骗子，那是因为我们太喜欢自我欺骗。被恐惧与贪婪两种力量所驱使，为风险与收益两难选择而纠结。人生面临着巨大的不确定性。太多时候，我们不是依据理智而行事，而是一直接受着情绪力量的主导。情绪让我们判断更容易，却也给了骗子乘虚而入的好机会。

其实真正值得嘉许的人生，不是时时赢，处处胜。人生只要赢面略广，输面较少，就足够了。

为什么你会被欺负

（01）

连岳先生说："人活着，会不停地遇上坏人。"

什么样的人是坏人呢？

天生邪恶者、嫉妒者、仇恨者、背信弃义者、恩将仇报者、寄生虫……这些都是。他们或是伤害你，或是剥食你，让你活在痛苦与绝望中，失去欢乐与幸福。

连岳先生真诚建议：遇到这些坏家伙，你须得有惊人的眼光、能力和勇气。否则就会陷在他们之中，再也没机会遇上其他好人。

遇到坏人，就再也没机会遇到好人了！

好可怕。

真的会这样吗？

（02）

世上确实是有坏人的。

上海市闵行区人民法院曾审理过一起案子。

一位姑娘指控前夫对她滋扰、虐待与殴打。她当场拿出了视频，视频中姑娘被打得好惨。姑娘解释说，离婚后，前夫屡次到她家揍她，向她要钱，她被迫给了前夫300多万。但前夫滋扰不休，不得已，她在家中安装了摄像头，录下了她惨遭殴打伤害的过程。

男人承认，那天他确实打了对方，而且银行流水显示，他也确实从姑娘那里拿到了钱。

律师则称，不排除视频是姑娘设局，目的是想把给前夫的钱再要回来的可能。

这个男人，就是最典型的坏人。

他从姑娘那里夺走300万，仍纠缠伤害姑娘，而姑娘为了摆脱他，竟是如此的艰难。

（03）

公众号“英国那些事儿”讲过一件瑞士的事情。

瑞士姑娘黛安娜，发现丈夫利昂形迹反常，于是就登录了利昂的邮箱，顿时大吃一惊。

原来丈夫劈腿，而且已经好久了，还是同时跟好几个人。

愤怒的黛安娜，就去质问利昂。不曾想利昂勃然大怒，你敢侵犯我的隐私，我就让你付出代价！

说做就做，利昂匆匆去了法院，控告妻子侵犯他的隐私权。

法庭开庭，对黛安娜说，你老公确实有劈腿，本法官深表同情。但本案只能遵循瑞士法律。法律规定偷看他人隐私是有罪的，所以判你有罪，罚你交出9900瑞士法郎的罚款，另需支付4300瑞士法郎的罚金作为对警方执行公务的补偿。

此案引发了网友们的愤怒声讨，但这不会影响到判决结果。

——这个男子就是坏人，他比你精，比你诡，比你诈，比你狠，甚至比你精熟法律，你说你怎么跟他玩？

（04）

坏人是个坑。

一旦遇到，就会陷进去。

知乎有位做心理咨询的朋友，讲述他遇到的一个客户。

这个客户是位姑娘，询问男友习惯性劈腿该不该分手，并酣畅淋漓地描述男友数次劈腿过程。

咨询师告诉她，必须要分啊。这种渣男不分，留着过年吗？

但姑娘，真的把渣男留到了过年。

过段时间姑娘又来了，详述渣男对她的伤害变本加厉，恳求支着儿。

咨询师苦苦相劝，这男人太无耻了，跟他分了好不好？

好的。姑娘假装答应。

过段时间，姑娘又来了，详述男友对她的伤害升级，已经让她濒于崩溃，走投无路，再次恳求支着儿。

咨询师急了：“已经告诉你两次了，让你跟他分，你固执地不肯听。你今天的结果，是自找的，你眼瞎怪我咯？”

猜猜姑娘说了什么？

姑娘恶狠狠地咒骂了咨询师。

为什么姑娘任由坏人伤害，却对帮助她的人恶语相向呢？

可怜之人，必有可恨之处。

坏人之坏，就在于他处心积虑地，毁掉你。

毁掉你的自我，毁掉你的认知。

让你成为一个不识好歹的伤害者，在恶人面前俯首帖耳如小绵羊。

（05）

这里列举的几个案例，受害人都是姑娘。

——对于坏人来说，女性是这世上最完美的猎物，可以骗财，可以猎色。而且坏人既然要做坏事，就会层层布局，一步步地解除你的心理防御，摧毁你的自尊，瓦解你的自信，最终让你彻底失去自我，沦为无意志的存在。

坏人是如何做到这些的呢？

——就是利用了好人的弱点！

（06）

世间为什么会有坏人呢？

这是大多数好人想不通的问题。

想不通，那是因为好人对自己缺乏了解！

——你必须要从一个坏人的角度，认认真真地来看自己。看看你这个所谓的好人，到底哪里惹得坏人排队上门欺负！

（07）

懦弱的人，是一种不具侵略性的存在。

他们最大的特点是，认知闭塞！

比如说上海那位姑娘，被前夫打到怕，被迫转账300多万！

拜托姑娘，有这300万，你可以另外买一套房子，让你的前夫找不到你。

——可是姑娘想不到这点。

——因为她处于自我封闭的状态中。明明问心无愧，却好似做了什么亏心事一样，她害怕打开社交圈子。

懦弱的人第二个特点是情绪化极端严重。

比如说瑞士的黛安娜，当她拿到老公出轨的证据，就立即陷入情绪之中，跑过去兴师问罪。可是证据在手，你还要问什么？对方承认，你如何处理？不承认，你又如何处理？

她根本没想这些事！

不愿意动脑子，那就必须为你的不理智买单！

（08）

我们在这世界上，每说一句话，每做一件事，都是有人生成本的。

你的情绪，是需要付费的。

当我们还是一个孩子的时候，我们的情绪由父母买单。纵然我们再不省心，父母只能打碎牙齿往肚里咽。自己生的孩子，含泪也要养大。

当我们长大，这笔账，就得由自己来支付。

爱你的人，或许暂时愿为你的情绪买单。但如果情绪账单无休无止，对方心理余额迟早会花到透支，只能让你自己来付！

这就是黛安娜遇到的事儿，她向一个不爱她的人宣泄情绪，对方则要求她付账。而这笔账单，就是法庭上的罚款！

（09）

当一个人，性格极度自闭，而且极度情绪化，她就成为完美的猎物。

如连岳先生说，她会陷在坏人的圈套里。

就算两个好人相遇，可双方都在寻找一个替自己情绪付账的人。两个情感上的穷人碰到一起，稍遇点事两个人一起摔，一起砸，一起闹，最多半个小时就会分开。

然后各自去寻找替自己支付情绪账单的人。

可这叠账单太厚，费用太高。纵然是富有之人也退避三舍，不敢沾碰。

最终她们遇到的，只有坏人。

只有坏人才会花言巧语，假装满足你这种极端幼稚的心态。等到你上钩，再对你实施心灵控制，用贬损摧毁你的自尊，用暴力毁灭你的人格，再利用你社交闭锁的缺陷，瓦解你的自我，让你陷入不断的被伤害中，再也走不出来。

而后对方慢条斯理拿起刀叉，开始品尝你这难得的美味。

（10）

成人世界，也不是没有是非。大多数成年人并不坏，至少他们爱惜羽毛，不去伤害那些心理成长严重滞后的人。但他们最多只能做到这步，再多就超出能力。毕竟谁家也养不起一个 300 斤的婴儿。

成年的稚嫩者，你必须自我成长起来，才能保护自己。任何时候你期望别人保护，闻声而来的多半是坏人。

爱的傲慢与偏见

(01)

长大了，就会遇到爱情。

爱是我们的成年礼，是我们人生第一次大测评。

你对人性的全部认知，都会端到台面上来。

这一生能否获得幸福，是不是能够有效化解内心孤独，找到期待已久的终身伴侣，全看你对爱情的理解与把握。

可我们对于爱，到底了解多少？

(02)

爱情的第一重境界，是自然之爱。

就是生理成熟，对异性生出爱慕与渴求。

这是极美的爱，但通常不为社会所容。

——因为孩子太小。

——越是美好的爱情，越是昂贵。

——有些成年人都背负不起如此昂贵的爱，更不敢让孩子玩。

公众号“十点读书”曾推出署名为聪明瓜的故事：一个高中小

女生，暗恋帅气的班长。从此茶不思，饭不想，“为伊渐得人憔悴，成绩滑落两眼泪”。

父亲火速心理干预，请女儿吃饭、聊天。

等女儿打开心扉，父亲单刀直入：“说吧，那个让你神魂颠倒、从重本线摔到专科线的人是谁？”

女儿垂泪道：“是我的班长，可是爸爸，人家根本看不上我。”

凭什么？父亲当时只好安慰她：“既然你们班长，帅气又优秀，少不了女孩爱慕。你呢，成绩专科线，身材土肥圆。你要想让班长爱上你，须得对自己狠一点，晨跑锻炼，减肥修身。此外，比相貌更重要的是内在的优雅气质。你小时候喜欢古典诗词，又喜欢音乐和绘画。如果你能在成绩提高的同时，在这两方面露一手，班长他又不瞎，凭什么不爱你？”

女儿听了，脸色绯红，跃跃欲试。

然后老爸趁热打铁，端上鸡汤：“好姑娘光芒万丈。只有爱自己，让自己美丽优雅的姑娘，才配上最好的爱。”

此后，女儿真的按父亲要求，晨跑健身，努力学习，再把音乐和绘画的天赋发挥出来，成了男生心目中的女神，情书收到手软。

故事的最后，女儿与班长一起考到北京读书，至于这俩孩子能不能走到一起，父亲就无能为力了。父亲所能做的，就是让女儿获得爱的能力。最美好的爱情，需要足够强大，才有可能企及。

（03）

爱情的第二重境界，是成长之爱。

区别于自然之爱，成长之爱是一个人自我形成之后，因为孤独而生出的心理欲求。

这也是青春最黑暗的时刻，因为年轻人认知懵懂，而初始自我面前，又摆着几条不同的路。倘无师长父母干预，又或是干预不得法，年轻人很可能一步踏错，陷入“长得漂亮才有青春，其他人只有生活”的失落之中。

之所以会有几条不同的路，是因为自我的成熟度不同。

如果孩子的自我太脆弱，爱情的表现就流于虚荣，这又称虚荣之爱。爱情不是为了满足内心的需求，而是展示给别人看。这在心理学上又称求偶抄袭，因为不知道自己需要什么，也无法评判什么样的人才适合于自己，就只能挑选公众评价分数较高的人下手。这时候就会心机用尽，纵然把对方追到手，也会因为不是自己想要的，而必然吵闹不休。所谓爱情沦为争吵，累得半死却一无所获。

如果孩子的自我太强势，爱情又会流于对抗。这时候的爱情不过是逆反，并非是爱着对方，而是存心给成年人添堵，宣示自我。父母最好的应对策略，就是笑眯眯在一边看他表演。孩子的对抗失去目标，就可能无趣收手，沉静下来，认真思考两个人在一起的可能。

自我太强不好，太弱也不好，这个度孩子到底如何把握呢？

拨去杂草，就是禾苗。去掉错的，就是对的。

告诉孩子虚荣之爱是什么样，对抗之爱又是什么样。别陷在这种虚假的爱情之中，剩下来的，就是真正的成长之爱。

（04）

爱情的第三重境界，叫激情之爱。

这个俗称天雷勾地火，你与命中注定最合适的人遇到了。你仿佛是为了他而存在，他仿佛是为了你而来，山无棱，江水竭，冬雷震震夏雨雪，也不肯分别。

但这种爱情，好多人遇不到。

为什么呢?

因为你不成熟!

激情之爱是两个聪明人的游戏。如果你太弱，就会忙着演戏。如果你太强，又会天天琢磨对抗。总之是心智成长严重滞后于生理，有些奇怪的人一生对抗成长，年纪一大把还是懵懂，又如何享受成熟之爱?

（05）

激情之爱，终归凡尘。而失去激情之爱的人，也不得不踏上俗世之路。

爱情第四重境界，是生活之爱。

这些人对爱情的理解，就是搭伙过日子。

这也是现实婚姻最常见的形态，无非不过是社会分工，赚钱，家务，孩子。但这些并非人生的全部，如果夫妻肯用心，肯成长，肯继续追求爱的智慧，就会步入和谐。

但如果有一方放弃成长，赌气愤懑，自虐牺牲，婚姻就会问题不断。之所以美好的婚姻出现问题，是因为相爱的双方，以为日子到这步，就算到头了。

其实并没有。

步入生活，爱情不过刚刚开始。

（06）

爱的第五重境界，是乐趣之爱。

相爱的人，最怕就是认知狭隘，只接受一种固化的生活方式。

比如一对好端端的情侣，出门吃饭，女生想去西餐厅，男人却想去大排档。女生嫌男友没品位，男人嫌女生浪费钱，两个人脸红脖子粗吵起来，最后吵到分手。

西餐厅有西餐厅的雅致，大排档有大排档的烟火。前者有情趣，后者有滋味。认知狭隘之人，无端抵触对抗，不能从生活中撷取快乐。爱情也会被他们弄得烟熏火燎，特别没趣。

爱是两个不同个体的融合，承认人与人的不同，欣赏并接受彼此的差异。这样的人才拥有爱情，否则就会面对苦闷人生。

（07）

爱情的第六重境界，是爱的需求，成就自我。

美国有对小夫妻本是普通商务人士。妻子米歇尔喜欢旅游，丈夫坎特却是吃货。

结婚之后，坎特潜心研究旅游地理，先国内后世界，举凡米歇尔想要去的地方，都要制订详尽的旅游攻略，带着妻子饱看喜欢的风景。

米歇尔则是每到一地，必偷偷搜集当地的食物图谱，亲手做给丈夫吃。

如此十年，坎特成为经常被电视台邀请的地理顾问，米歇尔则主持美食节目。二人从普通庸众转型成为爱情达人。

我在你身上，发现了我。你在我心里，看到了你。

你的欢乐就是我的爱，我的需求成就你的人生。

付出成就自我。

这才是爱。

（08）

爱情的最高境界，是同老。

英国女王伊丽莎白，与丈夫菲利浦亲王，相亲相爱 70 年。

执子之手。

与子偕老。

（09）

有人遇到爱，有人只遇到生活。

爱的七重境界是与成长智慧相伴的，你最终得到的，一定是你应得的。

自然之爱——只是朦胧的美景，懂得呵护，才是开始。

成长之爱——是青春的突围，其间沟壑纵横，勿让自己迷失是此阶段的课程。

激情之爱——如果你失去了它，必是源于青春的迷误。你的今天只是昨天的结果，懂得这个道理，才能避免重蹈覆辙。

生活之爱——失之东隅，收之桑榆。这是又一次投胎，最重要的是接受成长。如果仍是与自己较劲，固执地赌气，甚至无谓牺牲，又会让你失去明日的美景。

乐趣之爱——爱如岩中花树，你来或不来，美丽就在这里。你爱或不爱，乐趣就在这里。打开认知，走出愤懑，你的心，就会与爱同时明艳。

成就之爱——智慧的最高境界是爱。失去智慧，就失去了爱。

同老偕手——当你晚年，白了头，回顾往事，岁月稠。知道生命的美好不过是对你生活态度的回报，不过是对你坦然面对成长，勇敢接受自我的丰厚回馈。

（10）

每对恋人的爱情，都是未开发的处女地。没有对不对，只有美不美。

爱情没有固化的程式，没有相同的套路。爱是生活的智慧，考量我们两大能力：

一是从对方身上发现相同，这是两个人走到一起的基础；

二是在对方身上发现不同，这是两个人相互欣赏的原因。

因为有相同，我们才有共识，有交流。因为有不同，我们才会相互弥补，进而发现生命中全新的世界。从不同点我们得到的，称为智。智是机敏变化，是一种灵动应对生活的乐趣。从相同点我们发现的，称为慧。慧是不变的本质，是一种从容优雅的娴静。爱就是这样，于娴静中充满机趣，于变化中安稳柔静。这原本就是我们生命的自然，需要我们做的，只是恣意享受这个过程。

第三章

不再怒气冲冲，
你就成熟了

抵挡棉花糖的诱惑

（01）

广州有位老人送18岁的女儿出国。可是“机智”的女儿盗走家中300万，并未去学校报到，而是和男友到处旅行挥霍。

小女孩任性无知，专注坑爹18年。这丫头就是个极品。

为什么人家的孩子都在刻苦攻读，努力成就自我，这丫头却不走寻常路，专心致志地坑爹呢？

（02）

20世纪六七十年代，美国斯坦福大学进行过一个著名实验：

一群孩子，每个人都被分到一块棉花糖，并被告知如果等待15分钟以后再吃，就可以得到另外一块棉花糖作为奖励。如果等不及，过早吃掉，后面就没得吃。

实验中，有些孩子盯着眼前的棉花糖，咽下口水，苦等了15分钟才开吃。

而有些孩子，根本忍不住，不到15分钟就把自己的棉花糖吃掉了。

14年后的观察发现那些选择等待的孩子在此后的生活事业上都

平稳成功，而缺乏耐性的孩子却是事业无成。

实验的结论是，具备“延迟享乐”心理素质，也就是可以克制自身欲望的人，往往更容易获得幸福，更容易在生活工作中获得成就。

而广州盗走家中300万的丫头，明显是属于棉花糖实验中的失败者。

（03）

盗走老父亲300万的姑娘根本就没去海外的学校报到。

她疯狂买各种奢侈品，然后发朋友圈炫耀。

明知亲爹看到会气疯，她为何还如此没心没肺地炫耀？

按照心理学大师马斯洛的说法，人吃饱了，也安全了，就希望有面子，有自尊。

但这个自尊，是需要你努力学习、工作才能得到的，有个非常漫长的过程。人生不过是场五彩缤纷的棉花糖实验，你必须要忍得住，耐下性子，才能吃到更多。

可是她等不及，实力太弱，欲望又太强。她不想努力，或是努力过天资不够，还想享受努力之人才能享受到的荣耀。

所以她才会干出这种无脑的蠢事。

（04）

在老父亲对女儿的愤怒声中，有句这样的话：绝不能让女儿受任何委屈……

此言，堪称老父亲的教育理念。

绝不让孩子受委屈。

可凭什么啊？

人在成长的过程中，多少总是要受点委屈的。只有受到委屈，才知道世间人心人性，才知道如何与人相处。没受过委屈的人，就难以知道分寸何在，总是感觉别人待自己不公，欠了自己的。这让她如何适应这个世界？

（05）

时下中国教育，面临着一场深刻的变革。以前有些父母缺乏正确的教育意识，粗放式养育，孩子生出来往门外一丢，长成什么模样，全靠运气。

但现在，物质条件充裕，家庭教育仍然面临三大难题。

一是引导孩子学会化解委屈。

不懂心理学的父母，希望孩子不受任何委屈。却不知委屈是人性中的自然成分，哪怕你把整个世界送给她，她也仍是委屈到要哭：为啥你才把世界给我？你早干什么去了？你给我给得太晚了你知道不？你已经严重伤害了我你知道不？

你不让孩子受委屈，那么在孩子心里，所有的委屈就是你的错！

适当的教育应该是告诉孩子这个道理：人生其实没什么委屈，但人心自不平，委屈自然生。委屈是人心中再也正常不过的情绪，很多情况下，委屈是自己硬造出来的。只要你想委屈，随时可以委屈。委屈不过是放纵的借口，让你把不努力而造成的现状，转嫁于他人。

化解委屈，就要知道人们尊重的是你的努力。人生不努力的人，只能拿父母的钱炫耀，但这些钱并非来自于你的能力，越炫耀，越空虚，越是被人瞧不起。渐至人生步入黑洞，届时悔之晚矣。

（06）

家庭教育需要养成孩子的第二种能力，是抗挫折能力。

那些不努力的孩子，多数是承受不住挫折。所以明智的父母会有意地带着孩子远足、运动，打球或是下棋。体育赛事之所以在海外爆火，因为这是最便利的教育。

参加运动的孩子会知道，努力过程中并没有失败，只有一次又一次的尝试。人生好比是一场篮球赛，总有对手阻拦你，总有许多该进的球硬是失手。但最终统计成绩时，不是看你有多少失误，而是看你命中多少次。

好的教育让孩子明白，人生根本没什么挫折或失败，不过是一次跨栏，不过是又一次尝试。

（07）

家庭教育应当赋予孩子的第三种能力，就是坦然面对他人讥笑的能力。

愤怒是你心中委屈的流露，而讥笑则是他人心中的委屈。

每个人心中都有小情绪，都会无端感受到委屈。聪明的人知道这只是情绪，自然化解，笨人却会将委屈的情绪，转化为外部攻击。所以你走在人世间，时刻都会听到他人的讥笑。听起来他们是在嘲笑你，实际上不过是心中苦伤的悒郁。

聪明的孩子，不会因为别人的错误惩罚自己。

如果你屈服于别人的情绪，屈服于别人的嘲笑，急于证明自己，甚至偷来父母的钱炫耀，这就傻透了。因为嘲笑在对方的心里，是对方的情绪，你再怎么坑爹害妈，再怎么拼命地炫耀，都化解不了别人心里的积郁。除了亲人受到伤害，你的境遇没有丝毫改善。

走自己的路，让别人讥笑去吧。

当你通过努力证明了自己，才会发现那些讥笑你的人，始终待在情绪的泥坑里。

（08）

好孩子，多是良好的家教点滴熏陶的结果。

孬孩子，却多是父母心智缺陷放大了的后果。

家庭教育，别拿要挟当教育，也不能空洞说教。

有些为人父母者，牢骚满腹，委屈在心。动不动就冲孩子大吼大叫：我日夜操劳起早贪黑，我辛辛苦苦为了这个家我容易吗我？

意思是说我这么辛苦，所以你应该羊羔跪乳，听话懂事。

可这种说教，只会引发孩子内心的惶然：是你自己笨，怪我咯？

拿自己的辛苦教育孩子，只会起到反面作用，只会让孩子瞧不起你。一旦孩子打心里鄙视你，拿个 300 万带男朋友出逃的事情，做起来就毫无压力。

教育是具体而微的言传身教，引导孩子要自立，学点技能先养活自己。引导孩子要自强，学习化解委屈，应对挫折。引导孩子要自尊，要让人尊重你的努力，而非成就。引导孩子要自爱，不伤害自己，更不可以伤害家人。

（09）

孩子不过是朵花。

父母才是根。

如果花过早地飘落，或许就是根系输送的营养不足。

教育的实质是内省。父母在教育孩子，孩子也在教育父母。你在与孩子的互动中，能够看到自身性格的缺陷。你脾气暴躁，孩子就会惊恐倔强。你不可理喻，孩子就会敏感对抗。你情绪化严重，孩子就会纠结苦伤。你老是述说委屈，说自己多么不容易，孩子就会鄙视你，拿你的钱去养小奶狗。除非你明白过来，孩子的问题，多半是出在自己身上，家庭教育的恶性循环，才有可能终止。

你内心的缺陷越大，对孩子的要求就越多。

有些家长是把自己过多的希望，强加于孩子身上。以为自己飞不高，找个地方孵个蛋，让孵化出来的孩子飞。但孩子注定飞不出你的心，你的见识与格局成了孩子飞翔的天花板。只有当父母勇敢地打开自己，迎接挑战，你撑起的这片天空，才能让孩子展翅翱翔。

有些人，走着走着就散了

（01）

人际相处，最重要的莫过于人品。

什么叫人品？

品是等级。

人品是指一个人的等级。

如果一个人的人品极差，就意味着此人有重大道德缺陷。如果你和他恋爱结婚，或是职场共事，多半会被坑到极惨。

（02）

知乎大V“梦见原野”，说过一件事：

一个女孩认识了一个男子。

两人第一次到小公园散步。男子问女孩：“你要不要吃糖葫芦？”

女孩：“不想吃。”

第二次到公园时，男子仍问：“要不要吃糖葫芦？”

女孩：“不想吃。”

第三次，男子还问，女孩生气：“你要吃自己吃，说过两次了，人家不想吃嘛。”

男子匆匆哦了一声，就跑开了。不一会儿，他抱着一大捧糖葫芦回来，很羞涩地对女孩说：“我们来公园三次了，每次都遇到这个卖糖葫芦的老奶奶，可怜的老人家冻惨了，所以我一直想把老人家的糖葫芦买下来，请你吃。”

女孩震惊了，这个男人好有爱！

如此善良，人品差不了！

嫁了！

可万万没想到，女孩嫁过去后才发现，对方竟然是个暴力男，动辄殴打她。

而且还劈腿。

(03)

女孩不堪男子暴力，离婚后才发现，早在男子与她恋爱之初，就始终脚踏两条船，一直在劈腿。

女孩无法理解，那么善良有爱的男生，看到卖糖葫芦的老奶奶都心有不忍，怎么偏偏对她那么狠？那么毒？伤害她欺骗她殴打她？

这是为什么呢？

(04)

人性是复杂的。

如果你以直线式思维理解人性，就很可能看错人。

我有个朋友，自己开了家公司。遇到一件差不多的事情。

这位老板，曾去人才市场招聘。在门口看到一个求职者坐在台阶上休息，走的时候把手机遗忘在了台阶上。另一个年轻人看到，急忙捡起来追上，把手机还给失主。

当时老板就感觉，这孩子拾金不昧，品性不赖。就上前询问年轻人愿不愿意去自己公司就职。

年轻人求之不得。

老板认为自己得到了一个罕有的人才，便委以重任，连同公司的钥匙，都交给了年轻人。虽然年轻人的表现并不突出，但老板想只要人品没问题，假以时日，多多栽培，年轻人肯定会有出息的。

可万万没想到，有次老板出差，在路上接到电话——公司被盗!

老板赶紧回来，才知道盗了他公司的，就是他最信任的年轻人。当他出差后，年轻人假传老板指令，说是当天放假。等员工们全都离开，年轻人叫来搬家公司，把公司的电脑设备全都搬走了，能卖的卖，不能卖的扔。这些硬件的损失倒不太大，让老板心疼的是所有的客户资料，全因此事付之一炬。

可怜的老板，怎么也想不明白。明明那年轻人挺好的，他捡到别人的手机，并没有据为己有，而是追上去还给失主，多好的品性呀。

（05）

我们的思维是走直线的。

看到男子在摆摊老奶奶面前心有不忍，就断定他善良有爱。看到年轻人捡起手机还给失主，就认为年轻人品性极好。

这个思维模式，并没什么问题。

有问题的是人性本身!

人性不一定非走直线。

或者说，人性如猫，走不走直线，取决于老鼠。

那么什么是老鼠呢？

人自身的欲念与欲望！

（06）

人性不一定非走直线，这在心理学上称之为道德许可效应。

普林斯顿大学的贝努瓦·莫林和戴尔·米勒两名教授征召一些大学生，把他们分成两个组，进行辩论。

辩论的主题是：女生蠢又笨，只配在家里看孩子。

毫无疑问，这是个错误的命题。参赛的两组学生，反方还好办，只要驳斥这个胡说八道的论点就行了。艰难的是正方，要绞尽脑汁地以偏概全。总之，在这场辩论赛中，反方步步得分，而正方则一败涂地。

辩论赛后，两名教授让所有的学生再参加一场模拟招聘，以大老板的身份，从几名候选人中挑选出适合做高管的人。候选人中，有男也有女，而且女性候选人更优秀。

意想不到的事儿发生了。凡是在辩论赛中反对“女生蠢又笨，只配在家里看孩子”观点的学生，都毫不犹豫地把优秀女性候选人全部排除，选择了差劲男性。

而被强迫支持“女生蠢又笨，只配在家里看孩子”观点的学生，反倒能够客观地筛选。

怎么会这样呢？

这就是人性的道德许可效应。

（07）

道德许可效应，就是当一个人认为自己道德高尚时，更容易做不道德的事儿。

换句话说：当人自认为是好人时，更可能做坏事。

见了卖糖葫芦的老奶奶而心有不忍的男生，毫不犹豫地暴力劈腿，因为他认为自己太善良了，这么善良的人劈个腿打个老婆，咋啦，不行吗？

捡到失主手机归还的年轻人，在得到老板信任后，把公司盗卖一空，因为他认为自己人品太好，总是为别人着想，应该也替自己打算一下了。

（08）

道德许可效应，也不见得全是坏事。

精明的商家，会利用这种社会心理进行营销。

在美国，麦当劳经常推出他们的健康菜谱。每逢这时候，食客们就蜂拥而至，前来品尝“健康菜肴”，但当食客走进餐厅时，却很少有点健康菜肴的，反而点了更多他们超级喜爱的垃圾食品。

心理学家说，这就是人类饮食时的道德许可效应。当这些食客们决定来餐厅吃健康菜谱时，就认为自己已经为减肥做出很大努力，已经很辛苦了，所以要多点几道不健康、高脂肪的垃圾食品，犒劳犒劳自己。

实际上，食客们所谓的减肥很努力、很辛苦，只是他们内心的一个想法。

正如那些以道德高尚自居者，都只是自己心中的想法，并非是事实。

（09）

道德许可效应，让人性在这里拐了个弯。

让直线式思维判断，统统落了空。

那么我们该怎么判断人品呢？

仍然是直线思维式的，但要洞穿道德许可效应的幻象。

第一：要看一个人的言谈，他是自我标榜时多，还是倾听的时候多？

第二：看这个人是付出者，还是给予者？

第三：接受工作时，他是反抗意愿明显，还是立刻行动起来？

第四：遇到挫折时，他是沮丧、抱怨，还是淡定？

第五：这个人爱读哪些书？喜欢哪类型的人？

第六：他是否有足够的幽默感，还是沉迷于人格表演？

第七：他有没有自我觉察力？有没有自我认知能力？

（10）

评判一个人的人品，要看他的稳定性。

看他的性格是不是大起大落，大转大合，让你的预期落空。

所以有位哲人说人品有七个要素：

第一看他是否尊重自己，是否有自尊。有自尊者才有事业心。

第二看他是否爱惜自己。不爱惜自己的人，连自己都伤害，别人又算什么？

第三看他的性格是否沉静，动辄一惊一乍，见个卖糖葫芦老奶奶都落泪的人，多半是“戏精”。

第四看他是否有勇气，战胜惰性，活出名堂。

第五看他是否足够豁达，不会动辄钻牛尖角，情绪化严重。

第六看他够不够通透机变。太僵化的人，活得憋屈，说不定哪天就跟个定时炸弹一样炸了。

第七看他的志向。有远大志向者，目光远，格局大，很少会扯些鸡毛蒜皮，干出劈腿伤人等卑劣行径。

自尊、自爱、沉静、勇气、豁达、通透、志向这七个要素，听起来似乎都明白，但在现实中的应用，却都是七座难以逾越的山峰。

人生如登山，想遇到高处的人，你自己须得登到高处。没自尊的人，更爱讲面子，自尊是要求于自己的，面子却需要别人给。不自爱的人，更喜欢放纵自己的欲望，要求别人爱自己。诸此七种要素，如果你自己没有，就无法看到别人身上所具有的这些。所以评判别人，你须得有明晰的评判能力，鉴识别人的人品，你自己的人品必须要站得足够高。简单说就是，只有反求诸己，认识自己的智慧人品，才能够于芸芸众生中，认出那些同道中人。相反，如果一个人自己没志向，人品七要素一个也没有，却想找个有志向、人品好的人背着自己走，这事真不太好办。

听正确的话，做正确的事

（01）

村子的不远处，有一座庙，据说香火极灵验。

有一年，村子里来了贼，许多村民家里被偷。

村民没有报警，而是结伴来到庙里，跪求寺僧：“大师呀，请帮我们算算，是谁偷走了我们的东西？”

僧人听了，回答道：“阿弥陀佛，如果小僧有这本事，我们庙里的功德箱早就找回来了，还用得着报警？”

呃……原来庙里的功德箱，也被偷走了。

人和人其实没多大差别。你弄不明白的事儿，别人也拎不清。你难的时候，总觉得别人容易，其实各有各的难处，所以求人不如求己。

（02）

有个小区的宽带机房在地下室。

地方偏僻，连手机信号都没有，平时很少有人进去。

有一天，负责宽带维修的工程师，进了地下室的机房，不知怎么搞的，把自己反锁在机房里，出不来了。

他边拍门边喊叫呼救：有人没有啊？开开门，求求哪位大哥打开门，放我出去……

可地下室根本没人去，嗓子喊到哑，也没人听到。

终于，他灵机一动，想出来个好办法。

他把能拔掉的用户家网线，全都给拔了。

用户纷纷打电话报修。过了一会儿，另有一名工程师匆匆来到地下室维修宽带，于是被关在里边的工程师成功脱困了。

人和人的差别太大。难死你的问题，对于别人而言，只是举手之劳。与其死撑硬挺，不如及时向别人求助。

（03）

道理与道理之间，有时候是犯冲的。

比如第一个故事告诉我们，求人不如求己。然后第二个故事又说，求己不如求人。

那么当我们遇到事情时，到底是应该求己，还是应当求人？

（04）

孔夫子说：“学而时习之，不亦说乎。”

夫子这里的习字，不是复习，而是实践。这句话的意思是说：懂得了道理，时常在实践中运用，真的好爽！

阳明先生也说：知行合一。

道理不是用来说的，不是用来劝诫别人的，而是用来在现实中践行的。

但有些朋友道理都懂得，说起来头头是道。可谈到人生实践，就有点害羞。

懂得好多道理，却过不好自己的一生。

做不到知行合一。

为什么呢?

答案已经说了，因为道理犯冲，鸡汤不对味。前面刚说求人不如求己，后面又来个相反的求己不如求人。人嘴两张皮，咋说都有理。

（05）

世界是平衡的。

只要有个道理，就一定存在着个相反的道理。

老子说：“反者道之动。”之所以道理成双成对出现，那是因为我们人生所面对的问题是动态的、变化的。

问题刚开始产生的时候，80% 以上的决定权在你手中，这时候问题处于技巧阶段，称之为技巧式问题。

随着事态的演进，80% 以上的决定权转移到别人手中。这时候问题处于博弈状态，称之为博弈式问题。

事件的两个不同时态，性质是相反的，解决方案也是相反的。

（06）

有个聪明的小伙邂逅了一位女神，顿时意乱情迷，魂牵梦萦。

他费尽心机，找到双方都认识的熟人，央求对方说合。熟人好说歹说，终于说动了女神，答应今天见面，看看双方有没有缘分。

可出门前，有件极烦恼的事儿。

他养了条用情专一的狗狗，他走到哪儿，狗狗跟到哪儿。但媒人事先提醒过了，相亲时万万不要带狗去，否则狗狗不停地叫，会分散大家的注意力，让女神注意不到他的优点。

于是小伙网购了一个狗笼子。

临出门相亲前，小伙拆开包装，取出狗笼子，准备把狗狗关起来。打开一看惊呆了：这是什么笼子啊，怎么连个笼门都没有？

他把狗狗强推进笼子里，一扭头，狗狗又快乐地钻出来了。

怎么办呢？

忽然间小伙灵机一动，先把狗狗推进笼子里，再把笼子一转，让敞开的笼门紧贴墙壁，这样就出不来了。

小伙沉迷于自己的机智中：哇，我怎么这么聪明呢？这么简单就化解了如此棘手的问题。像我这么聪明的小伙，女神肯定会哭着喊着爱上我的。

于是他兴冲冲走出门，去迎接女神的崇拜。

（07）

话说小伙到了相亲现场，就看见日思夜想的女神悠悠走过来。

小伙急忙站起来，热情洋溢地和姑娘打招呼：“嘿嘿，那啥，嘿嘿嘿。”

心情太激动，话都不会说。

万万没想到，高冷的女神用奇怪的眼神上下打量着他，然后开口说：“你既然没相中我，为什么不早说？还让我跑这一趟？”

小伙蒙了：“没有呀，我没说不喜欢你呀。”

乱讲！姑娘生气地说：“如果你喜欢我，为什么会穿得这么随便？”

小伙顿时崩溃，还没想出如何回答，人家姑娘已经生气掉头，噔噔走了。

事后中间人埋怨小伙：“怪你，都怪你。跟仰慕的女神见面，你不会事先打扮一下吗？”

小伙委屈道：“不是，我本来准备梳妆打扮来着，可都怪那个狗笼子。谁能想到狗笼子竟然没有门？我全部心思都放在解决笼子门上，把梳妆打扮这事给忘了。”

（08）

来看看小伙这一天的际遇。

起初，他专心致志对付一个没门的狗笼子，并机智地想出了把笼子口转向墙壁。这个问题，就是典型的技巧式问题。

解决技巧式问题，主动权在你自己手中。

所以这是个求人不如求己的问题。

每个人都有超强的技巧思维，说到如何巧妙化解难题，再蠢的人，也会说上三天三夜不重样，能说出自己无数的优秀表现。

但接下来，小伙到了相亲现场，面对的是博弈式问题。

博弈式问题，主动权掌握在对方手中。

所以这是一个求己不如求人的问题。

小伙相亲以及前面所讲的被关进地下室的工程师，所面对的都是博弈式问题，需要的是打动对方心理的能力，是娴熟影响对方情绪的能力。

（09）

人类做事的规律是先技巧后博弈。

仅有技巧式思维是不够的。你再聪明，再努力，最终你的劳动成果还需要获得别人认可，才能实现价值转化。

仅有博弈式思维更不成。你人际关系再融洽，也解决不了根本问题。所以孔子的学生说：“君子务本，本立而道生。”意思是说能让你的博弈思维立足的，还是要靠技巧能力。

必须要两手抓，两手都要硬！

既要不停锤炼自己的技巧能力，也要不断训练自己的博弈能力。

人生比拼的是综合力。

长板决定我们在顺利时走出多远，短板则决定我们在不利态势下能否崛起。

只有综合力足够强，我们才能在顺利时高歌猛进，在逆势时不致沉沦。

（10）

每个人的能力都是相差无几的。

很少有人认为自己的智力不够用，但很多人坚信自己的情商不足。

实际上，多数人的情商也相差无几。

许多成就事业的人情商并不高，甚至连智力都不是太靠谱。

虽然智商情商相差无几，但人与人仍是在不断地拉开距离。

智商与情商不过是我们手中的牌而已，赢家之所以赢，未必是他们拿了一手好牌，未必是因为他们牌技高超。

只是因为，他们的道理用对了。

我们日常听闻的道理有三种：

提升我们技巧力的道理、提升我们博弈力的道理，以及提升我们综合力的道理。

现实的输家也不是智商低，也非情商不靠谱，甚至他们的综合力丝毫不逊于赢家。只不过，他们的牌技太差，该用技巧性道理时，他们端出了博弈性道理，无端对抗，引发冲突。又或是该动用博弈性道理时，他们却端出技巧性道理，该争不争，该拼不拼，错失良机。事业无成的输家不是不明道理，而是用错了道理。

人生如打牌，碰巧抓到一手好牌的机会并不多。正常情形下，我们每个人手中的牌都差不多，四六没谱，十三不靠。想赢，难度颇高；想输，又不甘心。人生的牌技除了淡定、沉静，相应的技巧，更多的是心理战术。当你成为赢家之后，就会知道，其实你对手的实力丝毫也不逊于你。说到底，人生的综合力仍是技巧式的，只是覆盖面更宽，纵深度更广，对人心人性的操控力度更巧妙。而我们掌握的所有道理，都是为了达成这一点。

放弃是一个念头，永不放弃是一种信念

（01）

1942 年，第二次世界大战正在激烈地进行中。

希特勒下令执行“海狮计划”：封锁英伦三岛，实施战略轰炸。

德国轰炸机飞至伦敦上空，扑哧扑哧往下丢炸弹。炸得英国人到处逃窜。

逃难的人群中，有一对夫妻，抱着刚刚出生的小宝宝在躲避炸弹。

小宝宝运气好，没被炸到。

他长大后就读于剑桥。

可是他感觉人生好无聊呀，还不如天上掉炸弹时更刺激。兵荒马乱，朝生夕灭，那才叫人生。

平凡岁月苦，空虚寂寞冷，他成为一个佛系青年。

没理想，没目标，遇事也没任何想法，一切随缘。

他的人生好似在梦游，动作越来越笨拙，好好地走着路，突然间一个大马趴。连上个楼梯，走到一半，都会一头栽倒，叽里轱辘滚下来。

再爬起来，他发现自己的记忆力也不靠谱了。

我是谁？这是哪里？我为什么在这里？

他拼命地想也想不起来。想问问周围的人，却发现自己嘴巴僵硬，似乎连话都说不清了。

路过的人把他抬到医院，仔细一检查，才发现他根本不是什么佛系。

他病了。

(02)

医生给佛系青年检查过后，对他说："有个好消息，还有个坏消息，想先听哪个？"

"……先听坏消息吧。"

医生："你得了重病，重病会导致你先是吞咽困难，然后丧失语言表达能力。再然后四肢肌肉慢慢萎缩，变得无力，然后呼吸不畅，最终会慢慢死掉。"

年轻人吓呆了："好可怕……不是还有个好消息吗，快告诉我。"

医生："好消息就是，这个病固然痛苦，但最多折磨你两年。"

两年……年轻人充满了希望："是不是两年之后，我的病就治好了？"

医生："不不不，两年之后，你就死掉了。当然不用再承受疾病的折磨了。"

这不不不……年轻人吓呆了："我怎么会这么衰？"

（03）

年轻人患上重病，医生断言他最多只能再活两年。

他无法接受，希望是医生弄错，又去找别的医生看。

医生们都是同一个结论：年轻人，想开点，回家洗洗，想吃啥就赶紧吃两口，反正只有两年时间了，多吃一口是一口。

不是，难道我的人生，只剩下这么点希望了吗？

年轻人很难接受。

（04）

50 年后，确切的时间是 2013 年。那个被断言活不过两年的佛系年轻人，着手撰写《我的简史》。

那一年他 71 岁。

他还活着。

直到最近，他去世了。

（05）

我们说的这位佛系青年，就是继爱因斯坦之后，社会影响最大的物理学家——霍金。

他离开了这个世界。此后至少 50 年，甚至 100 年，也许都不会再出现这么伟大的人物了。

霍金说：是疾病，还有爱情改变了他。

（06）

霍金自述：我患病的一个后果，就是把一切都改变了。

当你面临死亡时，你就意识到生命是值得过的。因为还有很多事情，等你去做。

可他的生命只剩下两年，最要紧的事儿，是先治病吧？

他住进了医院，遇到一位姑娘。

重病的霍金两眼放光：对，人生不能少了爱情……

次年他们结婚。

霍金说这改变了他的人生。

虽然他以为自己生命只剩一年，但遇到爱情，就得承担起男人的责任。承担责任就得找工作，找工作就得先顺利毕业，想毕业就得先把论文写好……原来认为没有意义的事情，突然有了意义与价值。

他终于有了人生目标。

告别佛系，从此努力。

（07）

从被断言最多只活两年，到50余年来以卓越的成就，成为最具影响力的伟大物理学家。霍金在学术上的贡献非凡，诸如证明了奇点理论，论证了黑洞其实不黑，也会发光等，这些学术成果终将改变整个人类的未来。

但，于学术领域之外的吃瓜群众而言，霍金其对人生的态度、对疾病的态度，更令我们震撼。

（08）

不论是学术研究，还是日常生活，霍金都堪称条件最差的人。

病魔的折磨，让霍金丧失了行为能力，丧失了语言表达能力——他甚至失去写字能力。

看不了书，写不了字，还怎么研究呢？

——完全拼脑子。为了研究，他训练自己，在脑子里形成各种不同的心智图案与心智方程，然后就用这些心智元素来思考。

霍金向我们证明了，人类最有价值之处在于脑子。人脑具有无穷的潜力，能够达成我们所希望的任何目标——包括了突破死亡与超越自我。

相比之下，我们身边的许多人，胳膊粗，力气大，肢体健全，食量非凡，一顿饭能吃半头牛。可这些健康人，却整天不停叹息，气色灰败，疲软无力，习惯以弱者自居。说到人生就连连摇头，没目标没理想，不努力不勤奋，年纪轻轻却暮气沉沉，只想着混吃等死。他们就是通常所说的，20岁就已经死了，但要等到80岁才埋。

这样的颓废人生，相比于霍金，就差一个人生终点报时。

——伟大的霍金，是用自己积极进取的人生态度，与病魔抗争。他想告诉这个世界，一个人的生命，在自己手中，由自己主宰。所以他无时无刻不在活动着自己的大脑，向人类知识边缘之外的神秘地带挺进。他每一天都在挑战自己，无论命运中横飞逆来的打击有多么可怕，他始终拒绝认输。

或许，霍金把每一天，都当作是生命的最后一天。

被医生诊断为最多只能再活两年，霍金的时间意识，比任何一个人更强。正是这种紧迫的时间观念，让他不肯有丝毫懈怠。一个人可以倒下，但绝不可以被击败。于霍金而言，学术成果只是附属之物，他人生的最大价值，就在于他从未在恶劣的命运面前低头，从未曾被击败。

正如霍金告诉我们的那样，哪怕是黑洞，也是发光的，也向外界辐射基本粒子。人心中的颓废观念与惰性意识，正如同我们心中的黑洞，吞噬着我们的人生。但黑洞并不黑，只要我们如霍金那样，意识到时间的紧迫性，那盘桓于我们心中的自卑感、弱者意识、受害者心态等一切消极之物，再也不会拖累我们的行进。

(09)

在霍金身上，对我们产生同等震撼力的，还有他对于疾病的态度。

围绕着霍金，始终有一种批评的声音——他拒绝别人把自己视为病人，甚至拒绝别人的任何帮助。

早年时，霍金曾和剑桥打了一架。因为剑桥大学吝啬抠门，舍不得花钱搭建供残障者所需要的坡道。为此霍金发起一场群众运动，敦促剑桥改善残障设施。但在当时双方的激战中，剑桥认为霍金是残障族群的代表，可霍金坚持认为自己是个健全的人。他的这种表达，差点没把当时的剑桥弄得疯掉。

实际上，霍金的态度是一种生命尊严的体现。人们的习惯性认知中，残障者属于弱势群体。对于别人，霍金认可这种自我定位，并对此充满慈悲之心，为之维权代言。但他决不肯把自己定位在一个需要帮助的人，一个弱者的位置上。

他是强者！

心智的力量，赋予了他君临天下的强者心态。

对自我生命的尊重，对险恶命运挑战的无畏，以及对自我认知无限突破，让霍金成为霍金。同样的，我们的人生态度，也让我们每个人，成为自己。

喜欢玩不可怕，无聊才最可怕

(01)

有个朋友留言说他很困扰。

孩子小，压力大，生计艰难。退休的父母，想让他回家照顾。

其实父母身强体壮，没病没灾，就是了无生趣。每天都要给他打几个电话，抱怨他自私，娶了媳妇忘了爹，只顾上班不管妈，不孝之子。

他要照顾孩子，只能建议父母旅游、读书、跳广场舞，甚至玩玩游戏也好。

但父母说，没劲。

那什么有劲呢?

父母说，无聊了就揍你一顿，你哭了，然后我们再慢慢哄你。这样的生活热热闹闹，充满烟火味，多好。

这……世界这么大，玩法这么多，父母却无聊到了打孩子消遣，果然极品。

（02）

无聊的人，真的好可怕。

公众号“剑圣喵大师”提到过这样一件事。他有个学弟是中学老师，敬业尽职。

有个学生家长对孩子很粗暴，导致孩子离家出走。

家长也不管，给孩子的老师打电话，让老师去找。

老师最后在网吧把孩子找到了。

老师给孩子买了吃的喝的，陪孩子打了局游戏，好言抚慰，然后把孩子送回家。

家长大怒，立即举报老师！

罪名：带他家孩子玩游戏。

校方对玩游戏零容忍，严厉处分了老师。

可孩子的教育呢？

（03）

从匮乏时代走来，有些人不仅不会玩，甚至连认知都被贫困所压抑。

我有个长辈，下乡扶贫。

他到了乡村，访贫问苦，发现一件奇怪的事。

当地粮产极低，而蔬菜昂贵。可是当地人不种蔬菜，因为粮食都不够吃，哪有闲心种菜？

于是他就建议大家种菜。大家都用奇怪的眼神看着他，认为他不是个正经人。正经人哪有不种粮食，只种菜的？

但有几户农家听了他的话。改种蔬菜，当年收入飙高。

次年，更多的人家改种蔬菜。当地成为有名的菜乡，有了钱开始机械化，慢慢地脱贫了。

这时候我的长辈才发现，人会被自己的认知困住。只做认知中有用的事，有用之外全是无用的事。

有用的范畴越狭隘，就越不懂变通。

(04)

饥饿时，只有食物才有价值，蔬菜都被视为不正经。

这个阶段的人甚至会认为读书无用。因为知识变现的周期太长，真的等不及。

吃饱后人们开始追求质量，追求精美，追求品位。人的认知范畴，就开始扩张。

当人们不再有心理的匮乏感，就开始追求文化娱乐、精神享受。

读书、休闲、娱乐、虚拟互动，开始从“无用”地带，进入到社会化大生产领域。

(05)

据统计局发布的公告，2017年中国恩格尔系数已降至29.3%，达到发达国家标准，接近富足水平。

恩格尔系数是食物支出占消费总支出的比例，用来衡量家庭的富足程度。

如果一个人赚到100元，98元用来购买食物，那么他的恩格尔系数就是98%。他收入的98%用来维持生存，那么他就没钱发展自我，就不幸福。

如果一个人食物支出很低，比如说他赚到的钱只有 10% 用来吃饭，那么他就有更多的钱享受人生。

恩格尔系数降至 29.3%，某种程度上意味着十几亿的中国人已经从匮乏时代走出转而关注自身的发展与幸福。

（06）

中国人对文化产品的需求面临井喷式爆发。

未来30年，文化产品不仅呈现动态虚拟的形态，而且呈互动态势。如果对虚拟互动文化及市场一无所知，就如同原始人生活在现代社会，生存难度可想而知。

北京大学新开了一门课——电子游戏通论。这门课的目的无疑是为未来的经济发展提供前瞻性人才。据授课老师陈江说，此课为选修课，上限定为 120 人，结果选课人数“爆掉了”，第一次上课教室里就坐不下，换了大教室还是坐不下。

这么多的人来听课，是因为年轻人知道时代发展的趋势。

春江水暖鸭先知，人不可与趋势为敌。

但并不是每个人都能够洞悉未来的趋势。

（07）

时代的发展是个“看不惯”的过程。

什么叫看不惯呢？

人们对自己出生时就已经存在的一切技术及艺术认为是理所当然的存在，是世界的一部分。

而对于新出现的文化产品及现象，处处看不惯。动不动就人心不古，世道崩坏。以前曾有人对影视深恶痛绝，认为影视不能吃也不能喝，诲淫诲盗，应当禁绝。现在有些人对虚拟互动文化产品看不惯，甚至认为应该封堵未来发展，阻止虚拟互动时代的到来。

而且有多位专家提议严控游戏。

有位专家的理由是他有一个朋友，夫妻俩分别是清华和北大的学霸，孩子居然考不上重点中学，原因就是玩游戏不学习。

学霸的儿子，就必然是学霸吗？

那农家的孩子就只能一辈子“吃土”？

著名翻译家文洁若曾说过一件事：1946 年时，清华大学校长梅贻琦最小的女儿梅祖芬，考清华落榜，补习了一年才考上。同年落榜的还有大哲学家冯友兰的女儿宗璞以及大学问家梁启超的孙女儿梁再冰。

比学霸更有分量的哲学家、思想家、清华校长，他们的后人都不能重现上辈的风采。学霸的孩子不太“学霸”，岂不是很正常？

跟游戏本质上没有关系。

（08）

180 多年前，30 岁的科学家法拉第在伦敦展示世界上第一台发电机。一位贵夫人不屑摇头：这东西有什么用？

法拉第反问：夫人，刚出生的婴儿有什么用？

他那在贵妇人眼里没用的东西，为整个世界带来了光明。

（09）

技术的伟大之处就在于把抽象的知识与思想予以具象化、可视化。

早期人类是结绳记事，而后发明出抽象的文字，造纸和印刷术的发展，让人类文明进入快车道。

影视文化的崛起让人类的认知经历第二次变革。那些抽象晦涩的文字符号，终于转化为活色生香的动态画面，让更多人认知、了解，加入到文明进程中来。

而现在，我们正面临着又一场认知大革命。

虚拟文化将彻底颠覆这个世界，颠覆所有人的认知。不过是几年后，孩子们可以通过虚拟互动课堂听孔子讲课，与老子对谈，与苏格拉底、柏拉图等所有的思想家交流，与徐霞客一起探险，与诸葛亮一起读书。而让一些专家忧心忡忡的电子游戏就是这个时代的前奏。

（10）

刚出生的婴儿是没用的。

没有一项技术发明，一来到这个世界，就会立刻有用。

电子游戏的发展如同婴儿在成长，也如此前一切文化产品，必将走过人性认知的全过程。

第一步是消磨排遣过程，是纯粹的娱乐。如家长们痴迷的纸牌、麻将。

第二步是怡情与品味过程，玩乐成为精神寄托，渐成时尚生活方式。

第三步是进入教育领域，与古老的智慧融合，最终构成文化思想的本身。

第四步是构成未来新时代发展的基础。到了那个时代，认知再次遭遇挑战，人们会认为电子游戏才是有价值的，而新出现的技术与文化产品是没用的。

这四个阶段，就是人类一切文化产品所走过的路，从消遣到怡情。从授教再到传道。而贯穿这四个阶段的主线，始终是一个玩字。

那些最会玩的人推动世界发展。

（11）

玩的能力，让我们毕业后 20 年甚至 30 年的人生拉开距离。

孙中山先生说，世界潮流，浩浩荡荡，顺之者昌，逆之者亡。

有人说读书无用，他就会丧失在知识发展领域的所有机会。

有人说电影电视没用，他们就会失去在影视行业的发展机会。

那些说电子游戏没用的人，他们还停留于旧时代。其恐惧只是因为自己太弱，无力掌控。

幸好知识界始终是理性的。据开设了电子游戏通论的陈江老师说，在北大中文系还有位老师开办了电子游戏与文化课，而电子竞技的专业很多学校都有，比如上海交通大学有讲游戏设计的课程。

未来 30 年，你是时代的设计者，还是看什么都不顺眼的落伍者？

跟上这个时代吧，孩子迷恋网络那是因为父母没有给孩子足够的安全与理解。正如法拉第所说，刚刚出生的婴儿不仅没用，还哭嚎连天。你必须以极大的爱心与时代同行，与孩子一起成长。所有人终究要度过这个艰难的时刻，人生一切皆是选择，往者不可谏，来者犹可追，我们要做的事情只有一件，不要闭锁心灵的认知，妄断擅论，免得你无法拖住历史的脚步，反遭无情碾压。

不再忍耐，不再克制

（01）

迟早有一天，你会成熟。

不再忍耐，不再克制。

不再怒气冲冲，不再幽怨于心。

不再看某个人不顺眼。

也不会感觉到有谁特别针对你。

到这时候，我们就成熟了。

（02）

有个歌手，讲述自己的经历。

电视台要做一档重要的节目，请来好多歌手，也包括她。

她赶紧化妆，挑选得体的衣服，及早赶到录音棚，耐心等待。

导演过来了：“有个事，跟你要说一下。”

歌手：“啥事呢？”

导演：“你选定的歌吧，那啥，有个女歌手想要唱。”

歌手：“……那我唱啥？”

导演：“这事等会儿再说。因为那啥吧，人家也未必非要唱你这个歌，唱什么现在还不确定。所以呢，你现在不能挑，不能选，要等人家唱完了，看看还剩下啥歌没人唱，才能轮到你。”

歌手：“……她抢我的歌也就算了，我还要等到她唱完了才能决定。我咋就这么倒霉呢？”

导演：“我这可是为你好，如果你不答应，人家可就不唱了。”

歌手：“那我要等到什么时候？”

导演：“你就在外边等我消息吧。”

歌手走出了录音棚，等了一整夜。

（03）

歌手独自站在黑暗中，一边等一边哭。

等到胃疼，化好的妆变花。

看着别的歌手录好节目，开开心心地离开，自己哭得更凶了。

天亮后，经纪人对她说：“不要再等了，咱们上午还有演出。”

这时都已经早上 8 点了。

歌手呼哧呼哧赶到机场，这时候接到导演的电话：“准备好了吗？可以进来唱，你只有一句歌词哦。”

从昨夜 7 点开始，等到早晨 8 点，就为了一句歌词？

歌手说：“不好意思，还是算了吧。”

那边导演却很坚持，说给你留了个特好的位置，不来唱就可惜了。

想来想去，最后还是回去了。虽然整个节目中只有 3 秒钟的露脸机会，但特别抢人眼球。

歌手说：“观众坐在电视机前，只看到一张又一张漂亮的脸，哪里知道台下的算计与争斗。”

寒风中等待13个小时，才等到3秒钟一句词，这就是人生。

（04）

都知道自己不容易。

但很少有人会意识到，别人其实更难。

当你满腹委屈，羡慕女明星女歌手的光彩照人时，何曾想得到，她们为了3秒钟的镜头——你眼皮一眨，就会错过的3秒——曾经站在冷风中，等了整整一夜。

费这么大力气，就为了让你看她一眼。

可你根本没心思。

因为你觉得自己超委屈，你等的时间没有歌手长，付出的不如人家多，但心里委屈的情绪，却比人家更强烈。

付出不多，委屈不少——这就叫不成熟。

（05）

以前读过一本老书，讲一个间谍潜入某个国家，奉命从一个重要组织的工作人员中，挑选出一个人把他杀掉，然后自己再找机会替代他。

先选择第一个目标。

向上级报告："这个怎么样？"

上级是个精通人性的"老狐狸"，回复说："此人工作很努力，但表情轻松。职位不算高，但满心快乐。没什么朋友，但自得其乐。这样的人看似普通，实则成熟圆润，心性淡泊，此乃一等一的高手。千万别去惹他。惹毛了他，你会死得很难看。"

间谍只好换个目标。

又挑出一个，问上级："这个怎么样？"

上级回复说："此人工作虽然勤恳，但终日烦恼。职位不错，但平日里言语激愤。没什么野心，但喜欢喝杯小酒。这个比上一个差多了，但此人能忍，虽然他不喜欢眼前的一切，但是为了生活，他忍了。这样的人介于成熟和半熟之间，拼起命来极是凶狠，还是换个更安全的目标吧。"

这个也不行。间谍只好再换目标。

(06)

间谍第三次换了目标，请求上级核准。

这一次上级回复说："这个家伙有一张倔强的脸，好像要跟全世界对抗。他沉默寡言，对任何人都没半句好话。这是个不耐烦的家伙，他觉得自己付出的全都不值，他心中涌动着的是绝望与自暴自弃的心态。他必然焦躁易怒，凡事爱走极端。这是你最好的机会，马上动手吧。"

间谍问："那我该如何下手呢？"

"老狐狸"上级指导说："首先，你要在小事上刺激他，时常给他制造一点小麻烦，不成熟的人内心异常敏感，一点小事就会造成强烈的伤害。

"其次，你要利用各种机会，在他的同事之间散布要远离负能量的人。这样就不会有人愿意听他的抱怨，让他心中更加愤怒。

"最后给他制造大的冲突。不成熟的人心智脆弱，宛如一枚鸡蛋，稍微施加点外力，就会立马崩溃。"

间谍问："然后呢？"

"老狐狸"上级："然后你就干掉了他。不过，你要永远记住，你之所以能够干掉一个人，那是因为他自己先行干掉了自己。当一个人长期处于不成熟状态，就会觉得不耐烦。这时候他的前途已经行至终点，他已经无法再适应自己所依赖的生存环境。这样的人没有未来，也没有明天。"

间谍依计而行，果然轻松摧毁对方。让对方自动放弃，给自己腾出了位置。

（07）

任劳，不任怨，无功。

任怨，不任劳，无用。

（08）

不成熟的人，基本上都能做到任劳，但却意识不到任怨的价值。

力出了，活干了，却嘟嘟囔囔抱怨不休，让自己的工作价值锐减。

为什么抱怨会减损我们的工作价值？

一个满腹幽怨的人，必然是个不成熟的人，是个无法让人信任、无法委以重任的人。

人在世上飘，哪能不挨刀？一个人想要得到什么，总要有相应的付出。小时候，哪怕只是要个芭比娃娃，都得先行讨好爹妈。长大了，我们要的更多，要房要车要高薪要漂亮老婆或能干老公，这些东西可以买多少个芭比娃娃？

想要这么多，那应该付出多少？

歌手之所以愿为3秒镜头一句词，独立寒风一整夜，那是她珍惜这个发挥自己天赋的大舞台。这个舞台上面早就站满了形形色色的艺人，你不付出点代价，凭什么占有一席之地？

我们每个人所在的社会位置也是一样。

这个位置跟我们的付出未必成比例，但一定与我们的成熟度成比例。

任何时候一旦认为自己付出的不值，那就到了失去这个位置的时候了。

（09）

古书《唐语林》中，有个怪故事：

唐朝有位尚书卢承庆，负责考核官员。有个官员督运，不料遭遇风雨，造成了很大的损失。卢承庆评定说：负责监运，却造成损耗，给你个下等。

对方容止自若，坦然而退。

卢承庆急忙叫：刚才你态度从容，这叫雅量，考评改成中等。

对方无喜无愧，拱手退下。

卢承庆又叫道：你好厉害，宠辱不惊，给你改上等。

这是古时的事儿，一会儿工夫考核成绩就人为改了三次，可知古人的管理手段是如此粗糙落后，没个明文章程，完全凭了主观感觉。

——但这正是人性！

许多年轻人，初入社会，渴望能有个明确的规则，清晰的制度，这样也好让自己行立有据。社会确也应和了年轻人的需求，给出了无以计数的规制条款。

但所有的条款，都只是纸面上的。

——万古不易的衡量法则，始终是不变的人性。

——始终在我们心里，未曾发生丝毫变动。

（10）

许多的所谓成熟，不过是强自忍耐。

又或是被习俗磨去棱角，变得世故而圆滑。

——当你不再忍耐，不再克制，才会真正的成熟。

不再忍耐，那是你已经通透人性，知道人类社会的竞争是个必然。有竞争就有手段，就会有花样，也会有各类不堪入目的招数。之所以忍耐，那是因为我们心中不肯接受人性现实，情绪化强烈而被迫隐忍。但当我们认知到这一点，心中感受到的，唯有知而不言，笑而不语。

不再克制，那是你已经学会正确评价自己，心里不再总是充涌着无名怒火。有怒制怒，有悲抑悲，如果心中无怒无悲，还需要克制什么呢？

真正的成熟，是我们独特个性的形成，真实自我的发现。宠辱不惊，淡泊沉静，以悠闲的心态，直面人生。

但愿我们时时提醒自己：我们看到的，比我们理解的要多。我们看不到的，比我们看到的要多。我们不是世界的中心，也不是一切的标准。所以允许自己不懂得他人，也允许他人不懂得自己，从此知道很多人都沉陷于自己心中，为焦虑的情绪所笼罩，失意者多败于自己之手，因为他们未能响应生命的节律而成熟。我们不会得到还不该得到的，同样也不会失去不该失去的。如果生命不是这样，或许是我们看错了自己。

第四章

光影人生里的你我他

听从内心召唤，放弃顶牛

（01）

《无问西东》这部电影炒得很火。

许多朋友看后，泪飞如雨。洋洋洒洒感慨千言。

但我从头到尾只看到一头牛。

（02）

这头牛是早年曾国藩对他的学生李鸿章讲的。

有户人家，家里来客人了。

父亲就吩咐儿子："你赶紧拿钱去集市，买鱼买肉买菜，一定要让客人看到我们的热情与真诚。"

儿子出了门。

早晨出去的。

大中午也没回来。

客人们饿到一个劲儿地咽口水。

父亲急了："这孩子，不过是买点鱼肉青菜，怎么到现在还没回来？大家先坐，我出去看看。"

父亲出门，没走几步，就看到了儿子。

儿子正站在离门没多远的地方，圆瞪双眼，愤怒地用头顶着一头牛。

父亲惊讶地走过来：“儿子，我不是让你去买鱼肉青菜吗？”

儿子气恼地一跺脚：“爹，都什么时候了，你还有心思管什么鱼肉青菜？”

父亲：“到底怎么了？”

儿子：“爹，我刚才走到这条路上，迎面来了这头牛，正好跟我顶上了。你说你这头牛，我就是去买个菜，它干什么不能让一让，先让我过去？这牛不让路，我当然也不能让。从早晨到现在，我俩就在这里顶着。”

父亲一听就气炸了：“儿子，你闪开，让爹来！”

岂有此理，我儿子不过就是去买点菜。你这头牛非要顶在这里，我就不信我顶不过你这头牛。

（03）

讲完故事，曾国藩问弟子李鸿章：“你有没有什么好办法，让这父子俩顶赢这头蛮牛呢？”

顶牛……李鸿章想了一会儿道：“老师，这事儿是不是弄差了？这父子俩家里还有客人啊，他们应该赶紧去买菜才是正理儿，干吗非在半路上顶牛呢？”

曾国藩一拍大腿：“你回答正确。”

人生于世，是为了成就自我，快乐幸福。

最怕撇开自己的人生，一味跟别人顶牛。

（04）

讲了曾国藩的“顶牛经”，现在可以聊聊《无问西东》了。

这部电影，由四个故事组成。

四个故事有个共同的主题：

成就自我，别逮头牛就顶。

（05）

第一个故事发生在 1923 年的清华。

聪明才子吴岭澜的国文与英语满分，物理不及格。

文科成绩满分，而且又有天资，那么应该选择什么专业呢？

吴岭澜选文科吧，正应合自己的天赋，堪可成就人生。

可最好的学生不是都念实科吗？

选实科！

看吴同学这么喜爱顶牛，校长梅贻琦很认真地跟吴同学谈了话，我觉得梅校长的话总结起来就是做人只有一件事是紧要的，就是时不我待，成就自我。你放着自我不成就，顶什么牛呢？

于是吴同学从谏如流，改选文科，很快成了教授。

（06）

吴岭澜放弃顶牛，成就了自己的人生，他有个弟子叫沈光耀。

这已经是片中的第二个故事了，时间也到了西南联大时代。

沈光耀聪明绝顶，从事学术研究，绝对会成为大师。

但此时日寇侵华，飞虎队来西南联大募兵，发现沈光耀可以成为一个优秀的飞行员，就建议他从军。

可是母亲反对。沈光耀犹豫了：是听母亲的话从事学术研究，还是报效国家、抵抗日寇呢？

如果他放弃报效祖国，那么内心就会煎熬不断，就会不断和自己顶牛。

最终，他听从了内心的声音，没有进入学术象牙塔，而是驾战机与日寇血战，最终用单机撞沉日军舰船。

（07）

在沈光耀驾机救国间隙，他怜恤战争中流离失所的孤儿，从飞机上扔下食品救济他们。

其中有一个孩子叫陈鹏。

陈鹏和王敏佳、李想一起成长，并开始了第三个故事。

他们三人去看老师，惊讶地发现师母正在狂殴许老师。

打死你，打死你，打死你！

……可这是为什么呢？

因为老师一家都在顶牛。

（08）

许伯常老师和刘淑芬少年时情投意合，订下婚约。那时候他们好快乐，一起拉手风琴，一起歌唱。歌唱美好的爱情，歌唱未来的生活。

刘淑芬一心一意，用自己的薪资供许伯常读大学。

读完大学后，许伯常对刘淑芬说：我不爱你了，分手好不好？

痴情少女刘淑芬一怒拔刀，以死相逼。

无奈之下，许伯常只好娶了她。

但仍不爱她。

（09）

没有爱情的婚姻，让许伯常的家冰冷如坟墓。

朝夕相对，憎恨入骨。

举案齐眉，杀机弥心。

可怜的刘淑芬，她想不明白呀，你当初答应爱我的呀。那么多的柔情蜜意，那么多的海誓山盟，你难道全忘了吗？

许伯常：忘倒是没忘，可人是会变的。

刘淑芬几欲疯掉，冲上前厮打许伯常。

许伯常宛如感受不到疼痛，任你撕扯揪打，我自岿然不动。

来看望许老师的三个学生，目睹此事，气愤不已。于是一封匿名信投入四合院中，指控刘淑芬的暴力行为不太妥当。

刘淑芬怒不可遏，开始侦查这信是谁写的。愤怒的女人不要惹，她们的智商简直比爱因斯坦都要高，很快就查出是许老师的女学生王敏佳。

王敏佳惨了，被许师母追到医院殴打，辱骂她勾引老师。其实写这封信的人，不只是王敏佳一个，还有同学李想。

可是李想没吭声。

但事态很快失控，原本嫉恨王敏佳的人突然出现，一场可怕的群体暴力之后，王敏佳已是奄奄一息。

陈鹏赶回来救下了她，挖了座假墓，谎称她已经死了。

而陷入悔恨的李想踏上赎罪之路，他救下一男一女，而自己却死于风雪之中。

这一男一女生下的宝宝叫张果果。

他将持续影片中的第四个故事。

（10）

在第四个故事开始之前，看看刘淑芬何以遭遇如此命运。

她其实是个很善良的姑娘，为所爱的人付出一切，最后却惨遭抛弃，这是她无法接受的。她的选择合乎情理，但却让自己的人生陷入更大的悲剧。

她什么道理都明白。

只是意难平。

她也可以做出聪明选择的，就当负情的许伯常死了。假如老许同志出门一跤摔死，这也不是不可以，那么刘淑芬会埋葬他的尸体，擦干眼泪，站起来，继续寻求自己的人生幸福。

假如许伯常死了，那么他死前最大的心愿，一定是希望刘淑芬幸福。

但他并没死，这就成为刘淑芬心中化不开的死结。

这就是人性。

这就是人生。

老子说：“吾所以有大患者，为吾有身。及吾无身，吾有何患？故贵以身为天下者，若可寄天下。爱以身为天下者，若可托天下。”

意思是说我们人生最大的苦患，是我们本是有血有肉有情感的人。如果我们能够不为情所困，不为心所苦，那么我们就不会再受到伤害。所以在这个世界上，只有最珍视自己生命的人，才会成就大事业。只有最爱自己的人，才会成就自我。

先学会爱自己，才懂得什么叫爱情。

让自己饱受伤害的爱，只是执着。

（11）

赎罪的李想临死前救下的那对夫妻，他们的孩子张果果长大了。

进入职场，遭遇了职场陷阱，沦为替罪羊出局。

可见职场不好混。

这时候，此前他企划时合作的四胞胎之家找来了，等待他出手相助。而前公司高管则提醒他帮助别人，要先掂量一下自己。你看我，就因为以前救助过一个孩子，现在得养他们全家。你养得起四胞胎全家吗？

于是张果果展开了清华式思考：这人活着是为什么呢？

当然是听从内心召唤，放弃毫不理性的顶牛。

帮助四胞胎，不再回头扯旧账。

（12）

爱你自己。

听从你心。

成就人生。

无问西东。

人不可失去感情，更不可为情所困。人生之旅，如白驹过隙。总会有人与你直面相撞，有的带给你快乐，有的带给你苦郁，有的让你牵肠挂肚，有的伤你锥心刺骨。但相遇是缘，相随是分，你付诸一片真情的，或许只是时光过客。所以我们常说活在当下，惜缘随分，不伤于己，不害于人，不乱于心，不失于真。不忘此生的目的，只是快乐与幸福，任何背离于此的选择，都不是我们自己。

要看清事实，必须经历一些疼痛

（01）

大年初一，我看了电影《流浪地球》。

当时就哭了。

哭得嗷嗷的。

差点被人请出电影院。

大过年的，我为啥哭成这屄样？

（02）

今年贺岁档还有两部爆片。

一部是韩寒导演、沈腾主演的《飞驰人生》。

一部是宁浩导演、黄渤和沈腾主演的《疯狂外星人》。

而且这两部片和《流浪地球》的主题毫无区别：

于逆境之中，捍卫人性的尊严！

（03）

《飞驰人生》的主角原本是个明星。

五次夺得巴音布鲁克飙车赛段冠军的王者。不料突然间有人丢给了他一个孩子，从此他开始大踏步地走下坡路。

为了给孩子落户口，挣奶粉钱，他被迫参加非法赛车而被禁赛5年，同时被吊销了驾照。他做炒饭生意把孩子养大，此时已到“油腻”的中年，不服不忿再度追梦。为了尊严与梦想，这个男人任人蹂躏嘲讽，各种哀告乞求，最终飙车于极险之地。

《疯狂外星人》与《流浪地球》一样，也是刘慈欣的佳作改编。可是在这部影片中，同样也没有女人。只有两个男人挥着鞭子狂抽一只外星猴，强迫它各种表演。气得外星猴泪流满面：我作为一个高等生物来到肮脏狭小的地球，我有什么错？你们非逼着我学猴骑车，有这么欺负猴的吗？

（04）

把一部影片的逻辑线打造到无懈可击，这叫智商。

在感性诉求上赢得公众认可，这个叫情商。

后期制作精美而宏大的《流浪地球》更大程度地赢得了市场认可。

有人提到片中的逻辑漏洞，说自己不喜欢。

可大家喜欢。

（05）

《流浪地球》中，有个小女孩叫韩朵朵。

萌嘟嘟、憨呆呆。

影片中叙述韩朵朵是在太阳急速衰老膨胀，地球生态环境彻底毁灭，于浮冰与疾火肆虐的海潮中，无数即将溺毙的遇难者，用尽他们最后的力气救活的一个婴儿。这是生物的本能，也是人性中最伟大的利他行为，没人知道她的父母是谁，但所有那些丧生于灾难中的死难者，所有那些于濒危之际爆发出人性光辉者都是她的父母。

当地球冲着木星撞过去时，几乎所有人类全都躲在地下等死。连太空站都放弃地球，带着一堆动植物基因逃之夭夭。值此绝望时刻，韩朵朵出来喊话，呼吁大家再进行一场救援接力，在木星表面制造一场大爆炸，将地球推离。

正常人类对这个荒谬建议是果断拒绝的。

这个项目的计算精度要求很苛刻，爆炸劲道太小，只会把地球烤成馅饼，并无其他效果。爆炸稍微大点劲，也会把地球炸毁。当然这个问题在科幻设定下不难解决。

我开始时只是困惑，为啥这个小女生只是提了一个其实并不靠谱的建议，救援队就全都跑来了？

为什么呢？

事实上，韩朵朵这个形象是人类文明集体无意识的象征。

有一段记忆久沉深海，但却永恒存在。只要一声轻微的呼唤，就会悄然浮出水面。

（06）

20 年前，发生了一场海难事故。

山东烟大轮渡有限公司的大舜号倾覆，死难者 285 人，至今失踪 5 人。

其中有一条新闻，尤为震撼！

一位女士于海难中逃生，最终获救。

女士说她的水性并不好，但在危难之际，先后至少有8名男子帮助她，连环接力支撑她，最终让她获得新生。

8名男子中，2名将救生衣让给其他妇女孩子，4名合力砸开倾覆后的舷窗，把她推上水面。还有一名漂在水面上的男子，帮助她爬上救生筏。另有一名男子在救生筏上鼓励她，保护她，最终只有她独自于救生筏上存活，而那些男子都被风浪卷走。

舍己救人的男子全部沉溺大海，魂魄无依，甚至连姓名都没有留下。

明月不归沉碧海，白云愁色满苍梧。可想而知，这件事带来的震撼有多强烈。

（07）

20年过去，大舜号已成往事。

但危难时刻的人性光辉，依然在我们的文化中长存长生。

这段往事，让我们重新审视人性。知道人性中不只有无尽的宵小算计，鸡毛蒜皮，更有危难之时对弱者的无私救助，有着摒弃争执与异见的大爱无疆，有着将人类整体生命价值置于己身之上的果断取舍，有着视保护孤弱为己任的豪侠义烈。

没错，人性中是有着不洁的一面，但人性中还有光明的一面，伟大的一面，神圣的一面。

正是人性中的光明、伟大与神圣，才创造了华丽灿烂的现代文明。

文明是温和的、非暴力的，呈现的是女性的优雅与柔韧。

一如《流浪地球》中的韩朵朵，她象征着人类的不屈与希望。

绝境时刻，韩朵朵的诉求是所有人类内心对希望的呼唤。

不可抗拒。

在韩朵朵面前，人类的任何反常行为都是正常的。

（08）

有的影评人抱怨《流浪地球》原作的作者刘慈欣不懂女人。

这才是胡说。

你再也找不到比《流浪地球》更懂女人的影片了。

你也找不到比刘慈欣更懂女人的男人了。

（09）

老子说：“有无相生，难易相成，长短相形，高下相倾，音声相和，前后相随。”意思是说人类的认知观念是相对的。

有生故有死，有男也有女。有努力，是因为有疲颓。有荣耀，是因为有羞辱。有尊严，是因为有卑贱。我们之所以努力追求荣耀与尊严，不过是想在一个相对的认知范畴里获得认可。

那么是想获得谁的认可呢？

老子说：“谷神不死，是谓玄牝。玄牝之门，是谓天地根，绵绵若存，用之不勤。”

人类的尊严与努力，成之无形，处卑无名，守静不衰，绵绵不绝，这是源自母性的伟大力量，是人类之所以存在的价值。若是脱离了这一本质，则一切失其所依。

因此人类价值取向，向来以女性与孩子为基点。

保护女性和孩子就是人类的尊严。尊重女性和孩子就是人类的文明。善待女性和孩子就是人性的光辉与荣耀。

这就是20年前大舜号失事时无数名男子合力拯救一名女性的本能。这些失其名姓的义士，生死刹那，主导其行动的是内心良知，散发的是人性光辉。

这就是《流浪地球》吸引观众的原因。正如20年前的大舜号上，所有的义行义举都只是凭着本能在行动。

这就是人性。

这就是人类伟大的本能。

这就是长盛不衰的尊严之歌。

哪怕地球毁灭，哪怕太阳膨胀，只要人性的尊严不灭，人性的荣耀万古长存。

（10）

永远不要对人性失望。

永远不要被人性中的卑微所压倒。

卑微或疲颓都是相对的。

一如现实的荣耀，会在大自然的倾覆之下，化为满眼疮痍，沦为一片废墟。但希望如火，永远燃烧在人类心中，纵有再多的悲剧，纵有再多的艰难，终将会朝着我们走来，引领我们再燃生命之火，重返希望之门。

一切艺术不过是一个爱字。一切表达不过是爱的言语。

太阳照常升起，揣着地球飞起，人性本能认知从未曾脱离本质。《流浪地球》折射出了人性的美丽。最嘹亮的恰恰是静寂，最本性的才是尊严与荣耀的起始。一旦你懂得这个道理，就知道人这一生，终不过是找回失落的自己。我们于世间所做的一切，就像是大舜号上那些无名的英雄，面对灾难没有恐惧，只有希望的传递。也像是未来的绝境地带，无限的繁华落尽，于暗黑之地聆听到那一声希望的柔声细语。这就是我们奋进的动力，这就是我们成就未来的无上勇气。

认知是一剂悬壶济世的良药

（01）

强烈推荐影片《我不是药神》。

这是一部求存片。

长夜如年，霜冷风寒。

绝境者的挣扎与破局，揪扯得观众肝肠寸断。

（02）

电影的开始，程勇是失败的。

前妻飞往新大陆，带走了他的心肝独子。老父病重，再不凑足大笔医疗费，他就只能眼看着亲爹告别人世。唯一的家当是间专卖不靠谱壮阳药的小店，又因欠租被房东锁门。

人生维艰，最苦中年。

然而，上帝关上了他的一扇门，又打开一扇窗。他看到了许多比他更惨的人，也看到了破局的机会与希望。

一个承受着巨大痛苦的患者群体正以绝望的眼睛注视着他。

患者如果吃当时还未纳入医保范围的进口药，每月开销接近4万。

家有金山银山也吃不起。

而印度有款盗版药，零售价人民币 3000 元一瓶，批发只要 500 元一瓶。

打击盗版，人人有责——口号在生命面前，顿显苍白。

这是求存之战，如果说在这个过程中也有道德的话，存活归来，抚慰家人，就是唯一的道德标准。

男主角虽抱以私心，但仍然可以看作是带着他的求存小分队开始了一场拯救生命的征程。

警笛声起，管控部门布下天罗地网，堵截包抄，与求存小分队展开博弈。谁能破局而出，获得生存机会，是影片全部的悬念。

（03）

第一个覆亡者叫吕受益。

他善良又懦弱，重病突至，放弃了希望。可是眼看着刚刚出生的孩子，他感觉自己还能再抢救一下。

于是他求助于主角，请求男主从印度替他弄回盗版药。男主角诧异地问他："为啥不自己干？"

老吕笑说："这是犯法的。"

程勇说："你是有够狠，救你自己的命，居然想找别人顶雷。"

这就是吕受益，善良真诚，但缺乏勇气。他想活着，又不想与规则对抗。他是男主角的第一助手，买药套路门清，但当男主角求生逃逸时，理应由他执掌求存大旗，拯救自我。但吕受益缺乏勇气，最后只能无奈离去。

生存路上，第一个出局的是天性软弱的人。

（04）

第二个出局的是一无所有，失去转圜余地的人。

黄毛是一个乡下孩子，没有教育背景。他实际上是认知资源最雄厚的人，但生存资源几近于零。

说这孩子认知资源最雄厚是因为他轻而易举地摧毁了男主角的幻象。

男主角从印度贩回盗版药，安慰自己说这是求存，为了生存犯点法是可以理解的，不曾想黄毛冲上来就抢夺药。他用行动告诉这些人，如果为了生存你们可以犯点法，那么我明抢为什么不可以？

凭此认知，黄毛一跃而成为小分队的核心成员。

但这孩子无所恃，只能选择与这世界强硬对抗。

为保护男主角，黄毛最后车毁人亡。

（05）

第三个出局的，是缺乏道义资源，目标单一的精致利己主义者。

片中的假药贩子张长林弄虚作假，敢自封院士，敢自称专家。而且他知法懂法不守法，善于利用法律逼对手就范。

张长林的对手就是男主角。

在老谋深算的张长林面前，男主角不堪一击。

顶不住张长林的威胁，男主角将代理权拱手相让。

这个变局让张长林从男主角的对手转变成男主角的保护伞。

但张长林为了逐利不停涨价，这就激怒了患者，结果最终亡命天涯。

（06）

懦弱者出局。

愤怒者出局。

精致利己主义者出局。

男主角岌岌可危。

但在男主角这里还有一层更稳固的保护伞。

求存小分队最优质的成员：刘牧师与女主角思慧。

刘牧师的社会角色决定了他那不可小觑的影响力，而且他英语娴熟，弥补了男主角的知识短板。

女主角思慧原是芭蕾舞演员，怀有无尽的梦想与渴望。可女儿的疾病需要庞大开销，这让她的命运掉入谷底。但她并未气馁，勇敢直面现实。从光环等身的芭蕾舞演员转身在酒吧里跳钢管舞。她是位伟大的母亲，让自己成为希望，成为太阳，给孩子和病友带来生机。

他们是一个团队，刘牧师的话信徒奉为圭臬，思慧则统领一众病友。铁打的营盘流水的兵，无论谁来做营销都绕不过他们这两尊神。走到这一步并非是他们刻意为之，而是他们那强烈的求生意志所驱使。

希望常在，生生不已。

因为信任，所以存在。

这让他们构成男主角存在的最强势依据。

也让他们自己，熬过艰苦的凛冬，迎来时代变局。

（07）

男主角最初购药只为逐利，为父亲筹措救命钱。

但病友吕受益之死唤回他的良知。为帮助绝望中的患者，逆势对抗规则。

老子说："上德不德，是以有德。"

男主角为了灵魂救赎，不惜一切代价从印度购药。

进价 3000 元一瓶，却只卖 500 元一瓶。

能救一个是一个。

当他被捕后，千名病友为他送行，站满长街。

他是时代义士，却又如此平凡。

孤身一人对抗残酷的现实，最终为无数患者改变了现状，带来了生存机会。如孟子所说：自反而缩，虽千万人，吾往矣——古来君子节义，不过如此。

（08）

1968 年，美国心理学家科尔伯格讲过这样一件事：

有位丈夫，他最爱的人得病快死了。

药剂师那里刚发明出一款药可以救回至爱之人的性命。

但丈夫一贫如洗，买不起药，咋办呢？

丈夫偷偷翻墙破门，把那款药偷了出来。

影片把这个故事放大，展示了获取生命之药的强大意志力与道德、法律两难的故事。

饱带干粮，晴天备伞。除了对病友的关爱与同情，我们更应该知道的是在应对未来变局时，什么样的人性特质才能帮助我们渡过难关。

（09）

当我们面对未来人生困局时，不同特质的人有着不同的生存概率。

最底层的懦弱者终将承受巨大的苦痛，他们走不出自己的心，只能寄望于救世主。一旦遭遇变动，会在第一时间出局。

第二层的人一无所有，生存资源过于匮乏，失去转圜之机，只能强硬对抗。但这个世界认软不怕硬，所以强硬者终将出局。

第三层是表面光鲜的精致利己主义者。他们缺乏足够的道义资源，总是把自己置于风口浪尖。

第四层是那些能力虽然不足，但拥有强势信心资源的人。他们原本也是弱势者，但责任与爱让他们在重压下勇敢站立，成为更多人的依赖。依赖就是信任，信任带来希望。

最高层是以男主角为代表的理想主义者。他们起初也是逐利而行，但病友们绝望而无助的眼神召唤回他们的良知，让他们成为商业时代的救赎者，成为污浊尘世的一股清流。他们在完成使命之后会短暂退场，但终将归来，再度带给我们新的震撼。

（10）

世上只有一种病，穷病。

医治也有一味药：认知。

不怕有人添乱，只怕认知闭塞。

第一个病友告诉我们不要恐惧。第二个病友告诉我们不要暴怒。药贩子告诉我们别太功利。而以拯救生命为己任的义士告诉我们无论环境多么艰难，绝不轻言放弃。如潮水面对礁岩，始终坚持，无休无止，终有一天我们会让世界看到柔韧的力量，让世界知道最高的生存智慧是上德不德，上善若水。

你的人生也有一百万个可能

（01）

格雷格·托波发现了一件可怕的事：

在美国有三分之一的高中毕业生，从毕业那天开始就一辈子再也不读书了。

其他孩子虽然继续读书，但只是为了应付考试，普遍对读书缺乏好感。

这让格雷格·托波感受到了危机。

如果年轻一代厌倦读书，未来会怎样？

又该如何改变？

（02）

格雷格·托波是两个孩子的父亲，也曾长年在一线执教。

他带着困惑改行成为教育记者，并获得了哥伦比亚大学新闻学院斯宾塞教育奖学金。

他希望找到办法解决年轻人在学习中的困扰。

可这个办法要去哪里寻找？

直到有一天，他遇到了特雷西·富勒顿。

从那一刻起，格雷格·托波冒出了一个天才的想法。

他在华盛顿州举办了一场数学测验，有 4000 名学生参加了这次活动，测验之后学生们仍然沉迷于数学之中，在接下来 7 个月的时间里解出了 39.1 万道数学题。

几个月后，测验在威斯康星州开始。当地学生一口气解出 64.5 万道数学题。

第二年测验在挪威进行，一个月内挪威的孩子们解出了近 8 万个方程式。

而且这些数学题全是孩子们在家时自发完成的。

格雷格·托波到底用了什么方法让这些普通的孩子痴迷学习的呢？

这个秘密还要从他遇到特雷西·富勒顿说起。

（03）

特雷西·富勒顿是一位工程师的女儿。

12 岁时，父亲带她到瓦尔登湖游玩并要求她阅读思想家梭罗的名著《瓦尔登湖》。

在翻开书的那一瞬间，她就被轻灵的文字所吸引。

思想家梭罗出生在美国经济高速增长的时代，那时的人们对物质的追求日益明显，但他是一个自然主义者，更渴望亲近自然。在他的传世名著《瓦尔登湖》中，梭罗记述了美丽的自然风光、宁静而温和的心灵以及在劳作中体验到生命的力量与尊严。

这本书给 12 岁的特雷西留下了深刻印象。

此后她花了10年的时间专注研究梭罗的思想。

长大后，她把梭罗的《瓦尔登湖》制成游戏，让更多的年轻人从这伟大的思想中汲取营养。

这行得通吗?

游戏都是打打杀杀，《瓦尔登湖》简约轻灵的文风和游戏离得是不是有点远?

事实上，游戏不是只有打打杀杀，功能性游戏远比我们所理解的有内核。特雷西创新地完成了这项不可思议的工作。

（04）

遇到特雷西后，格雷格终于知道他寻找的是什么了。

他把自己苦苦寻觅的东西，写成了一本书：《游戏改变教育》。

游戏不只是打打杀杀，还可以是哲学，可以是历史，可以是医学，可以是欧氏几何。

（05）

腾讯副总裁程武说："游戏是人类的天性。我们生下来，就和爸爸妈妈做游戏，和小朋友们做游戏，和我们周围的伙伴们做游戏。游戏一直广泛地存在于人类的生活当中。游戏是一种人类的文化生活方式和学习方式。"

许多现代化的教育思路都融入了游戏的思维。实际上就是真正在尊重人类天性的基础上去进行教育、学习和应用。

他这番话是在参加由中国文化娱乐行业协会、中央美术学院联合举办的"重识游戏——首届功能与艺术游戏大展"的分享研讨活动时有感而发的。

（06）

格雷格·托波说：“永远不要低估孩子。”

游戏早已超出了普通父母的旧认知，进入到了功能时代。

功能游戏已经脱离了打打杀杀，应用于技术、文化、医疗、教育、体育、娱乐、艺术、军事、天文与益智等方面。

程武说：“这就是为什么我们跟托马斯教授携手做微积分，我记得微积分是大学本科教育里最难的课程，如果当时有这么个游戏，我就不会那么辛苦了。”

程武提及的托马斯教授曾在意大利测试过微积分游戏，测试之后，学生考试及格率达到了 100%。

实际上，游戏改变教育的例子，除了格雷格·托波提及的在美国和挪威的测验，在中国深圳，也已经有学校先行一步了。

（07）

2018 年 3 月 7 日，《中国教师报》刊登的一篇文章中说了这样一个事情。

当学校宣布因台风而停课时，会有学生欢呼雀跃：“终于可以不用上课啦！”

但在深圳宝安区的天骄小学，孩子们听到停课的消息，却大多唉声叹气，好不沮丧。

为什么这所学校的孩子不乐意放假呢？

因为这所学校用游戏思维重组教育内容，做到了寓教于乐。

学校会以课件内容为主题，进行主题游戏教学，有科学探索、有文字游戏、有历史探秘、有天文、有军事。针对学生的系统思维、逻辑思维、形象思维、逆向思维、创造思维、辩证思维开设相应课程，改变学生的思维方式。

一如格雷格·托波所倡导的游戏式教学，当教育更适应孩子的心理，更具互动性，就自然激发了孩子内心的学习冲动。正如克里希那穆提所说："教育的最终，是让人发现自己。"

（08）

我们都学过《刻舟求剑》这篇寓言故事。

楚人渡江，剑落水中，就用刀在船舷上剑掉下去的地方刻了一道深深的记号。等船靠岸，跳到水中寻找。

古人讲这个故事主要是讽刺那些不跟随时代变化，认知停留于原地的人。

这些人不相信发展，停留在旧有的经验之中，落后于时代。当格雷格·托波及其追随者，用功能游戏改变自身，改变教育时，很多人对游戏的认知，仍然是打打杀杀。

他们对世界最大的伤害是把他们错误的观念，强制性地灌输给青少年。

（09）

在美国，有84%的老师承认，他们正在用丰富和友善的科技方式帮助教学。

时代变了。

我们要应时而变。

一是永保好奇心，任何时候都不要妄下断言。当功能游戏的时代到来，至少也要明白发生了什么。

二是要有长远眼光。经验只是过时的记忆。

时代在变，一切在变。早在 360 万年前，古人类开始直立行走，无尽的变化就开始了。那些拒绝与时代同步前行者，至今仍然留在树上。不要做留在树上的生物，必须寻求新的技术手段，融入我们自身的成长，才能帮助我们找回自己。

（10）

教育要适合孩子的心理，适应孩子的成长。

说到底就是要适应人性。

很久很久之前，先祖们聚于火堆旁，进行着各种游戏。我们在游戏中学习，在游戏中成长，并在游戏中体悟到生命的价值与力量。

可如今有些人，却不知为何总是板着一张脸，好像全世界都亏欠了他。他将充满灵性的生活，压抑得死气沉沉。学习原本是生命中最大乐趣，却被肢解得生趣全无，味同嚼蜡。

我们来到这个美丽的世界，观察，发现，寻找，每前行一步，都能感受到无尽的欢乐与快感。我们读书、学习，不是为了别人，而是为了响应生命的本质呼唤，是为了召唤出我们认知最深处的智慧。就让我们放轻松些，如程武所说："游戏更多的是一种思维，一种更能够顺应本性更能够激励人们的学习方式。当我们不再用沉重的观感解读人生，而是举重若轻，于不断进取中获得快乐感受，才会领略到生命的真谛。"

从“做狗”到做人，突破认知局限

（01）

有个朋友之前说了件事，瞬间火爆朋友圈。

他家的狗狗体型略大，朋友就定做了一个狗笼。

卖家师傅答应做好狗笼会送货上门。但到了时间，卖家却不见踪影，打电话也不接。

他只好自己去拿。

到了才惊讶地看到狗笼已焊好。

只不过，卖家师傅正蹲在笼中，见到他泪如雨下：“快快快，把我弄出去。”

朋友惊呆：“你怎么钻进狗笼子里了？”

卖家师傅：“我不小心把笼门焊死，把自己焊在了里边。”

朋友笑趴在狗笼前。

可这有什么好笑的？

我们的认知思维，不就是画地为牢。

被自己的认知牢牢地局限住。

（02）

之前我也看到过这样一件事。有个女孩的闺蜜养了一条超凶的大狼狗。

每次女孩到闺蜜家做客，狼狗就在笼子里凶猛而愤怒地狂吠。

每次都这样。

女孩终于受不了了，就走到笼子边，大声斥责："你这个没良心的，每次我来都带香肠给你吃。你吃了香肠却翻脸不认人，总是冲我叫喊。做狗不要太无耻，再敢乱叫，信不信我打你。"

听到女孩的威胁，大狼狗愤怒更甚，两只狗眼几乎喷出火来，吠叫得愈发疯狂，还用力地拿脑壳撞击笼门。

女孩："不许叫，再叫真的打。"

狼狗眼睛变红了，用力一撞，就听哐的一声……笼子门的门闩竟然被震开了，吱呀一声，笼门大开，女孩与狼狗之间再也没有阻隔。

刹那间女孩吓坏了。

刹那时狼狗也呆了。

一人一狗，近在咫尺。

鼻尖顶鼻尖，你看着我，我看着你。

突然间那条狗华丽转身，爪子一抬，灵活地关上了笼子的门。重新开始隔门冲撞，大声吠叫。

女孩呆了半晌才醒过神来……这条狗原来早就熟悉她了。

狗之所以吠叫不休，显然认为这是个必走不可的流程。在这条狗的认知里，自己的天职，就应该待在笼子里，愤怒地撞击笼门并狂叫。如果笼门不小心打开……那就赶紧关上，以免出了笼子，面对着咬还是不咬这类过于复杂的问题。

（03）

理论上，人比狗聪明。

但待在笼子里吠叫这事，人干得不比狗少。

知乎大V“fishmoon”讲过一个段子：

很久以前，久到那时候还没有谷歌翻译。海外有家网站专门为欧美人推出英译汉服务。

人工翻译，按字收费，一字一美元。价格公道，言不二价。

可万万没想到，翻译服务没推出多久，就遭到网民们的声讨，被迫关闭。

为什么呢？

英译汉服务推出后，客户直接问：请问，A用中文怎么写？

翻译：A？呃，中文里没有A。

客户：不可能！中文的第一个字母怎么写？

翻译：这，这这这……中文里没有字母。

客户：胡说！中文里怎么可能没有字母？没有字母中国人怎么识字？如果字都不认识，中国人怎么会活了几千年？你连中国的字母都不会，还敢说翻译收费，果然是骗子。

这些人是不是跟那个把自己焊在狗笼子里的卖家师傅一样！

他们蹲在成见的笼子里，念着字母长大，压根不知道天底下还有象形字的存在。他们用自己的认知囚禁了自己，错到离谱还不自知。

（04）

当我们嘲笑人家时，人家也在嘲笑我们。

每个人都蹲在自我认知的狗笼里。

（05）

认知被圈住的原因有五个：

第一个原因是不断叠加的记忆，这个叫经验。

经验老到是好事，但同质事件不断重复，人就会丧失思考力。

有位好友的父亲遭遇车祸过世，之后得到了一笔赔偿金。

他就用赔偿款买了辆小货车，想拉货谋生。

可奇怪的是每次有生意，这辆小货车就会出事，不是撞树上，就是撞墙上。

连续几次之后，再有生意上门，好友会先在父亲的灵前上炷香，虔诚地问：爹，这次咱们能不能去？

通常情况下，人们不会认可连续偶然事件。如果旧有的经验不再适用，第一时间往往不是想到突破，而是求助于冥冥中的神秘力量。

（06）

第二个原因是习惯。

有个大学男生很想把校花约出来。

壮起胆子开口后，没想到校花竟然答应了。

男生好兴奋，大脑充血过度，和校花散步的时候就机械地一边走路，一边踢小石子。

忽然美丽的校花哎哟一声，走路失去平衡，高跟鞋掉了。

机会来了，只要男生蹲下身，替校花穿上鞋，就很完美。然而，男生却自己冲上前，飞起一脚，将校花的高跟鞋踢飞了。

校花震惊地看着他。

他也被自己的举动震惊了。

此后，男生在学校始终单身。

注意你的习惯，它会变成你的行动。

（07）

第三个原因是本能。

有位好友买了件“杀马特风格”的衣服，却被同事嘲笑。

郁闷之下，他下楼买了件西装，把旧衣服丢到了公司的垃圾筒里。

这衣服却被捡垃圾的大妈捡了去穿在身上。

然后所有的同事看这好友的眼神都是怪怪的。好友努力地想解释，但是解释过后，大家本能地会觉得好友和捡垃圾的大妈有不可告人的秘密，否则何必心虚掩饰？

（08）

第四个原因是主观愿望。

有位少年骑电动车去找前女友求复合。

他站在前女友身侧，不停地挽回。

忽然间，前女友的嘴角勾勒出了一个美丽的微笑。

少年欣喜若狂，知道这是前女友最开心的表情，莫非是复合有望？

可是好奇怪，前女友开心一会儿后就恢复了冷冰冰的状态。

少年无奈离开，才发现他的电动车被人偷走了。

难怪前女友心花怒放，少年主观地认为前女友开心是因为想复合，然而事实并非如此。

(09)

第五个原因是成见。

孔子的弟子子贡说君子恶居下流。如果一个人不讨人喜欢，那么他的一切行为表现，都可以做出对他不利的解读。

如果他话多，人家会说他尖酸。

如果他话少，人家会说他阴险。

如果他在场，大家会说他见好事就抢。

如果他不在场，大家会说他见坏事就躲。

——认知难以升级往往是因为先有观念，再依据观念，解析事件。

(10)

相信经验而不唯经验。当经验不可靠时，就是我们需要破局之时。

大多数所谓思考不过是习惯的持续。是习惯的细节构成了我们，如果习惯是好的，我们也错不到哪去。如果习惯不太好，我们的生活也会处处受影响。

本能是操控我们最强大的底层力量，接受并认知它才能避免堕入人性陷阱。

能够区分内心愿望与现实，这叫明智。明智的人更喜欢拥抱美好愿望，但明智的人不会止于愿望，而是用行动让现实与愿望合拍。

我们心中的成见有多少，我们的认知就固化多少，智商就降低多少。所谓认知，不过是熔断成见，重新出发。

提升认知，永远要牢记一个法则：

认知一旦被占据，就牢不可破，再也不会改变。无论是经验、习惯、本能、愿望还是成见，终其一生都不会再变。

我们只能选择迭代，重新结构认知的几大要素，以新认知覆盖旧认知，以新的思维迭代固化的成见，我们才能钻出笼子，重见天日。

当认知升级，我们仍然是我们，经验仍在，只是更具价值。习惯保留，只是替换成好的习惯。本能永恒，但洞悉且明晰。愿望须臾不离，但不与现实混淆。旧有的成见化解，认知区域扩张。但新的成见再次出现，无论我们走出多远，都走不出自我心中的成见。只不过，我们能做的，是让成见这个狗笼子足够的大，能够容下我们的人生与未来，能够让我们周转自如，甚至能够让我们奔行一生，仍然是看不完的无边风景，花香鸟语。

老子说吾有大患，及吾有身。困扰我们认知的恰恰是认知本身。所有的智慧不过是相对的，要想明心见性，瞬间把握生命本质，就需要承认这一点。知其白，守其黑。知其雄，守其雌。知道身在笼中，才会看到笼子外边的广阔天地，知道认知有局限，才会有无日不止的破局与重建。

怕什么真理无穷，进一步有一步的欢喜。

认知牢笼每扩大一点，带给我们的都是无尽的希望与可能！

第五章

你的善良，必须有点界限

你要控制住自己

（01）

之前在一档火爆的综艺节目中，女演员与父亲有一段让我记忆深刻的对话。

女演员说："我（在家里）跟爸爸的沟通少一些，跟妈妈还好一点。因为跟父母说完后，并不能解决问题，甚至还要被问很多问题。"

父亲一听急了，说："如果幸福你分担给我们，那我们大家都幸福。痛苦你也得分担，那你有一半的痛苦，那不是更好。"

爸爸说的其实很有道理。

然而女儿立马反驳道："我觉得不是这样的。痛苦只要你听，我会得到双倍的痛苦。"

怎么会这样？难道爸爸还有痛苦扩增作用？

而且这段对话瞬间引起很多人的共鸣。

许多人都说自己一旦向父母说点什么，得到的只有指责。你遇到麻烦了，父母可能比外人还要凶："怪你，都怪你自己……"你受到委屈了，父母可能会往伤口上撒盐："活该，你活该！"

生活的烦恼，跟妈妈越说越烦。

工作的困扰，跟爸爸越说越恼。

（02）

有些父母，等了一辈子，想等孩子说声感谢。

父母觉得自己为孩子操碎了心，吃尽了苦。孩子长大，自己老了。青春韶华，一去不返，只想听到一声感谢。

也有一些敏感的孩子长大后，始终无法摆脱往日阴影，等了一辈子，也在等父母对自己说声对不起。

（03）

生活的残酷就在于，希望孩子说感谢的父母与希望父母道歉的孩子往往是出自同一个家庭。

这就成了个死结。

怎么解决呢?

这个困扰无数家庭的大难题，竟然被一个小朋友解决了。

（04）

之前有段视频爆红网络。

视频中，一个可爱的小女孩好像是被父亲批评了，很沮丧地坐在小凳上。

过了一会儿，小姑娘振作起来，开始对着父母说：

“爸爸妈妈只会对我大喊大叫，这是不对的。你们看看动画片里的家长，都是怎么对孩子的？不骂孩子，不打孩子。只是批评他们，让他们改正。他们不是好好地改正了吗？你们只是单纯地喊我，谁想听你们的？很多小孩子跟我一样，很调皮也很聪明。他们的父母就像你们一样打他骂他。 他们是不是越来越笨，被骂笨了。你们以后骂人能不能用文化高一点的话来骂人呢？你们读过小学、中学、大学，还不会用好的句子，为什么要用粗话来骂人呢？你还说我背的古诗少，我都可以用古诗来说服别人。你呢，只会嗷嗷喊。”

（05）

孩子那番话，逻辑严密道理明晰，一共分五个部分。

第一部分：开题点名父母粗暴教育的错误。

第二部分：提供出好的、正确的教育方法，并提供佐证。

第三部分：点明错误教育方法的危害，即使是聪明调皮的孩子可能会被骂笨。

第四部分：因材施教，对症下药。

第五部分：强调父母一定要改变自己的教育方法，和孩子平等交流。

小朋友这段话堪称说理范文，值得大家用心揣摩学习。

可话说回来，这些道理连小朋友都懂得，难道父母真的不懂吗？

如果不懂也教不出如此聪颖的小宝贝。

可如果懂，父母为什么做不到？

（06）

道理我都懂，可仍然过不好这一生。

其实就是这个原因，我们太容易用自己的经验来处理问题了，很多道理其实还没有来得及内化成我们的经验。

（07）

父母有时候会对自己的孩子着急，过后他们也会后悔，因此他们也在努力做到这个词：

控制。

控制又分为内部控制与外部环境控制。

内部控制就是自我控制，保持自身最大的竞争优势。

外部控制就是控制他人和环境，让自己处于最安全的状态中。

因此我们会有这四种控制心态。

第一种：内控强，外控也强。这类人是强者，严格自律，但对别人也不宽容。

第二种：内控强，外控宽厚有度。这类人是智者，自身成就很高，也会潜移默化影响别人。

第三种：内控弱，外控强。这类人是斗士，见人就吵，逢人就干架，外人还打不过，只能在家里逞威风。

第四种：内外控制都一塌糊涂，这类人是弱者，终生蜷缩在自己臆想的恐惧之中，门外刮过一阵风，都会吓得半死。

你是哪类人？

（08）

内外控过强的父母，总是呈现出冷酷无情的一面，十足的“暴君”人格。他们不会宽容孩子的过失，不接受孩子的解释，会把孩子逼出卑微的弱势心态。偏偏这类父母最想听到孩子表示感谢，而他们的孩子则终生等他们一声道歉。

双方都等不到。

内弱外强的父母，就是如女演员所说的“跟你说痛苦，痛苦反而会加倍”的那种类型。这类父母自我控制弱，事业无成，一旦孩子遇到问题，他们解决不了问题，就会想办法解决提出问题的人。

内外控过弱的父母，自身认知一片暗黑，无力面对人生，会把孩子弄成斗士。如果孩子不去拼命争抢，就什么也得不到。这种家庭出来的孩子都有一种悲情心态，往往会把事情做得很绝，不留后路。所以这类孩子的事业成功来自于冒险，失败则来自于一意孤行。

最好的父母是内控强，外控宽厚有度的类型。这类父母明白道理，贯达人性。他们能够帮助孩子化解心结，提醒孩子前行路上的沟沟坎坎。而他们做到这一点，并不需要多高的智慧，只是把连小朋友都明白的道理，实践于人生的始终。

（09）

我们的父母或许可能不是智者。

但并不妨碍我们自己成为智者型父母。

我们可能并不是自我控制强、外部控制有度的类型。

但当我们明白这些道理，就可以照病开方，对症下药。

懂得自律，强化内部的自我控制，不过是任何事不寄望于别人，而是托付于自己。让自己学识日增，能力变强。孔子曾经说过，知之者不如好之者，好之者不如乐之者。天赋聪明的人，不如热爱学习的人。热爱学习的人，不如喜欢学习并在学习中体验到无穷乐趣的人。致力于让自己成为这样的人吧。哪怕只是个孩子的话，也能够让我们幡然醒悟，体察到我们认知上的固有缺陷，也能够让我们明白更多的道理，并找到对应的解决方案。

学习人性，渐体宽融。我们一要做到不被粗放的人性伤害，二要问鼎人生至高智慧，三要引导着身边人走到正途上来。当我们做到这些，做父母时，就懂得怎样教育孩子；在职场上，就懂得了怎样引导员工；在生活中，就懂得了怎样引导朋友。这就是古之圣者的境随心转。

走出迷妄而错乱的情绪，人生不迷糊

（01）

控制自我的能力，一刻也少不得。获得这种能力极不容易，守住这种能力更为艰难。而且就算你有成熟的控制力，但只要稍有疏失，就会失控。总之这是人生大事，不可马虎。

（02）

获得能力其实比较容易，只要我们踏实肯干，能力就会增长。

运用能力就比较难，这世上不乏有能力却得不到认可的人，就是因为他们的能力运用陷入困境，没有与他人共筑平台的意识。而一旦能力衍生成为平台，又需要克制我们以自我为中心的偏向，这更是难上加难。

正因为难，所以人生才变得饶有趣味，变得富有挑战性。

（03）

人生事业有一个奇怪的规律：

事业之初的成功，大致 80% 依赖于个人能力，只有 20% 依赖的是环境的助力。

但当事业慢慢做大，规律就变了。

事业小成阶段，能力的权重开始降低，人品的价值渐显。这也是年龄处在30岁左右的人面临的局面。

35岁左右的人找工作，就不太好穿着牛仔裤四外递简历，这是初涉社会的年轻人的做法。35岁左右的人入职新工作，或是朋友引荐，或是猎头来挖，新东家除了看中你的专业能力，更多的看中你的人品，看中你的团队管理能力。

这一阶段要拼的是人品，我们不能把话说绝，要稳重，要庄严，毛病越少越好，越平和机会越多。

（04）

当人生事业越做越大，即人在40岁左右的事业盛年时，讲究一个“忠”字。

我们要忠于自我，忠于内心。

这个自我不是我们广义上说的我，而是走出本能，超越情绪，回归本质的自我。

这个内心不是迷乱的情绪，而是我们来此世间的初心。

我们来到这个世界，雄踞于食物链顶端，不是仅仅做个吃货，而是要探寻生命的价值，追溯生命存在的意义。

我们始终要让自己如刚刚淬炼出来的宝剑，纵然是在暗黑之夜，光芒也要穿破这黑夜。这就意味着40岁左右的大叔，依然要像少年那样继续努力学习，淬火再铸，蜕化重生。

（05）

学海无涯，事业无止。能够如愿完成前三个阶段，就会进入个人能力只占20%，而我们的人品影响却高达80%的阶段。走到这一步，大多数人都吃过苦、尝过甜、有经验、有人脉、有耐性。

这个时期是我们步入智慧的幸运期，所需要我们做的只是“愿意”二字。

（06）

我们经历的人生的这几个阶段：

第一阶段，你的能力在影响你事业成功的因素中占比80%；

第二阶段，此时你的能力降至60%，人品价值升至40%；

第三阶段，此时能力降至40%，人品升至60%，就是需要我们以德服人；

第四阶段，人生最美丽的时期，能力越来越强，但个人能力比重只占到20%，余者80%全是德行与人品。

而且不止人生是这样，就连企业发展也在遵循这个过程。

（07）

企业发展也逃不过规律的制约。

小企业里不仅员工主管能力要强，老板更要能力过人。

中型企业老板想做大有难度，想死掉很容易。这一阶段就是要活下去，活到机会到来的春天。

大型企业老板一定要忠于自我内心，决不可有丝毫懈怠，要做最好的员工，最有价值的主管，最抢手的高管，才能够再上层楼。

（08）

这个规律也适用于恋爱和婚姻。

恋爱之初，是你须得有一手，才能让对方倾心相从。

婚恋之始，如果你纵容自己的缺陷，会把婚姻变成爱情坟墓。

有了孩子之后，就要忠于内心，忠于家庭。

这样别人看着羡慕，就会仿效你的人生观念及生活方式。

总之人生自有规律，打掉随着年岁渐长而生出来的怠惰、消沉与颓丧，保留我们心中的烈火和激情。

（09）

规律是很直白的。

但我们迷乱的心总是对抗人性自身，对抗规律。

正是这种对抗，让我们脆弱到不堪一击。

如果我们不能够回归本心，我们就会失去自我而再一次遭受伤害。

该觉醒了。

以我们的心，以我们的沉静与睿达，对我们自身做出更准确的解读，这个过程就是觉醒。在古老的经典中，觉悟者被称为佛。我们不敢擅言与佛陀比肩，但我们还是可以努力的。走出昏涩，走出阴晦，走出迷妄而错乱的情绪，回归本心，澄明如月。

只要我们走出迷乱昏妄，就会步入阳明先生所说的人皆可以为尧舜的自然之境，就会步入智慧，获得快乐与永恒的福祉。

你的善良，必须有点界限

（01）

故事的开始是一个带着两个宝宝的律师易先生坐火车。

两个小宝宝，一个六岁，一个半岁。

易先生的票是上铺，照顾宝宝明显不方便，就想找人换票。

先找了一个大学生模样的男孩，男孩先答应了而后反悔：我腿受过伤，不想换了。

易先生又找了一个女孩换了张中铺。

然后易先生又挑了位大学生模样的男孩提出换票要求。

男孩断然拒绝：我只要下铺。

易先生又找个戴眼镜女孩换了第二张下铺票。

换过票之后，易先生当面感谢那两个女孩。

后来，他在自己的私人媒体平台对另外两个男孩进行了一番点评：至于那两位男生，你们的做法也没错。只是有朝一日，你也会为人父，也有带着孩子出行的时候。希望你们不会遇到当年的自己，遇到的都是乐于助人的女孩……

（03）

评点发布后，引起热议。

易先生不甘被批评，与大家展开互呛。

易先生回应：法律不是唯一的行为规范，还有道德。善良是社会公德的重要组成部分。

易先生的本意想借此事探讨“帮你是情分，不帮是本分”的合情性。

（04）

易先生没有买到火车下铺的票，也不跟人家补差价，拿着上铺票就找不相识的人换票。

易先生选择的都是涉世未深的年轻人。

易先生挑了四个孩子。

第一个孩子因腿部受过伤，斟酌之后拒绝了易先生。

可是易先生认为就算是受伤了，这个孩子本质是不善良的。

若当事人是我，没补差价就换成了下铺，我会羞愧无比。

这算是一个小样本调查，当代年轻人，超过一半的人愿意自己吃亏，满足中年人的要求。因此事实上现代年轻人远比中年人更明白什么叫善良。

（05）

现在年轻人，更无私，更利他。

更有心胸与格局。

比一些用尽了心机占人便宜的中年油腻大叔更阳光，更大气。

他们让出了自己的下铺，没有发朋友圈炫耀：今天在火车上，把下铺让给了一个大叔，我被自己的善良感动啦，么么哒……他们没有这样做，大概是因为这件事在他们的心里只是举手之劳，根本不值提起。

反倒是有些人，心眼比针孔还小。

这种类型的中年人不管有多少人帮助他，内心都毫无感觉。只是一味地追着腿部受伤的孩子，大谈善良与公德。却没有注意到自己的强人所难，才是真正的远离了善良。

（06）

从易先生的故事中，我们得出两个结论：

一是现代的年轻人，不仅善良有爱而且心胸宽格局大。

二是有些成年人心思狭隘，生活在有爱温暖的世界却不知足，连腿部受过伤的孩子都不放过。

那么，我们为什么需要善良？为什么需要公德心？

早年间台湾大学生因为疯狂挤公交，遭海外人士吐槽。台湾的大学生们感觉很羞愧，于是发起公德行动，召唤善良回归。再坐公交时，大学生们老老实实排队，绝不乱挤乱撞。

结果，等公交车来了之后，所有人疯了一样往上冲，瞬间公交车挤爆，摇摇晃晃开走，寒风里扔下一队老老实实排队的孩子。

这时候大学生们才醒过神来，不是这个社会缺少爱，而是公共资源匮乏，公交运行班次不合理。于是学生们呼吁加大公共资源投放，增加公交运行班次。

此后，公交班次合理而频繁，民众不再需要拼了老命才能挤上去，整个社会的道德水准得以提升。

绿皮火车的时代，居民出行苦难重重，那个时候不是纠结上铺还是下铺的问题，买火车硬座都要排好长的时间。那段岁月的善良意味着利益割让，与其要求别人善良，还不如远离利益纠葛。

目前是高铁时代，但绿皮车并未绝迹。

因为资源不足，“机智”的中年大叔呼吁年轻人善良，把利益让给他。

这个呼吁也许有其合理性。

（07）

帮你是情分，不帮是本分的界限到底在哪里？

拿易先生的事情来说，这件事的界限很明确。

——在你的人生职责范围之内，哪怕动只手指头帮你，都是情分的逾越。

——但在我们的人生职责范围之外，任何帮助都是至善的行为。

所以，如果有一个人带小宝宝出远门，明明去车站售票口就能买到下铺的火车票，却偷懒不肯去，等上了火车，逮到涉世未深的孩子就问：“你善良吗？”……这种行为，就很不善良。

但如果是必须火速带宝宝出远门，来不及去车站窗口买下铺的火车票，那就只能上车之后寻找有没有愿意换车票的人。在这种情况下，愿意换车票帮你的人是善良的。不愿意换票的人也是可以理解的，这与他本人是否善良无关。

（08）

易先生的故事告诉我们，什么叫心态。

第一，心态，就是你看待世界的态度。如果心态出了问题，再美好的世界，你也总是一肚子怒气。

第二，心态，就是不将自己的褊狭强加于人。明明人家告诉你腿上受过伤，你非大谈善良，明里暗里讥讽人家，这样很不厚道。

第三，心态，就是对无偿获得永怀感恩之心。大夏天的，人家两个小姑娘吭哧瘪肚地爬上铺，把下铺让给你，应该多说两声感谢。

第四，心态，就是尽到自己的人生职责，不给别人添麻烦，也不无端骚扰别人。人家只是坐火车而已，你自己不去车站窗口买票，却在人家脑袋上扣一口道德大锅，人家多冤枉啊。

第五，心态，就是知事明理。知道自己遇到的只是公共资源不足，那就大家一起来努力，争取让以后的父母不再遇到这种为难事儿。

带宝宝出门，遇到好心人的无私帮助。这么美好的事儿，在有些人笔下，却变成了对年轻人善良的拷问，这就是褊狭心态，也是对现实的扭曲。

（09）

所谓自我，不过是记忆的集成。

获得别人帮助的这些美好的记忆构成了美好的自己。

如果我们把美好的际遇都忘了，纵然呼吁全球人民善良，你感受到的仍不过是寒风凛冽。

——因为你的心里，缺失了善！

这个世界，哪怕是在最悲凉的时刻，也不乏人性的光辉。哪怕是在最饥饿的时候，也有着无私利他的伟大善举。

人类，正是依靠这种力量才相互扶持，一步步地走到今天。

我们需要的是一颗柔软、细敏，能够体察到善良的心。有了这颗心，我们就会尽最大努力消弭人世间的暴戾，就能够激发出更多人的善行义举。但如果心扭曲了，如同镜子表面沾满了污垢，无论阳光是多么的灿烂，你在镜中看到的，永远是乌云密布。

让我们成为幸运的人吧，一生行走在善良之中。只有当我们不再刻意曲解世界，才能够于无数的善意之中，获得真切的幸福感受。

我心温柔，夫复何言

（01）

去年，一位国内知名的女导演发布消息：“在美国，经过 17 个月的抗癌治疗，2018 年 10 月 25 日凌晨 5 点 20 分，永失我爱……”

消息传出，全网震惊。

那个知名的男主持人走了。

这样平静、安然。

时年 50 岁。

（02）

他和他主持的节目，伴随了一代人的成长。

那一代主持人很多。

有的珠玉在外，但德品有亏。有的满口情怀，但行为不端。有的正气堂堂，但私利蝇营。有的名为脊梁，却是盛名之下其实难副。

他算是个另类。

他只是个主持人。

他不标榜自己高尚，没有把自己放在很高的位置上。

他甚至声称自己是电视台的娱乐底线。

除了主持的节目之外，他很少会因自身而成为热点。

好像唯一的一次是他在主持节目时突然呕吐。

人们等他回应。

他当时没有给出回应。

随后网上又有消息，声称他移民海外。

公众期待解释。

他也不解释。

直到那天我们才知道，他只是病了。

他与观众的联结只是节目。

他没必要向大众解释私人的任何事情，无论是疾病还是生活的点滴。

你也没必要知道。

媒体说他是个清白的人。

活得磊落，实在。

（03）

人生如白驹过隙。

无论贤愚善恶，终有一死。

所有人的终点都是一样的。

差别只在生命的质量。

重于泰山，虽死犹生，是一种活法。

胸怀霁月，无愧于心，是另一种活法。

他只活给自己看。

活给所爱的人。

不见得每个人的一生都要惊天动地，也不见得非要有什么不凡的业绩。于平凡的历程中见证不凡，这才是我们每个人该做的。

（04）

有些人大红大紫，却不讨人喜欢。

有些人财富满门，却争议不断。

或许有的人钱比他多，名气比他更大，但却未必如他那般平和。

他算是个一生和自己在一起的人，他喜欢自己，喜欢自己的职业。

有文章说他无比卖力，只为逗我们一笑。

其实我们笑还是不笑，他又何曾放在心上？

只是做他该做的事儿。

只是践行自己的人生态度，不矫情，不伪饰。

他把生活给自己的，玩到极致。

只因喜欢无怨无忧。

（05）

他守着他的家。

自从他患病，妻子每天发布一条讯息，问候早安。

直到他走了，人们才知道这是他们夫妻之间的小秘密。

他们是有爱的能力的人。

有些人不懂爱，他们所谓的爱，不过是想找个人背负自己的人生责任，不过是想找个人生替罪羊。

爱是一种成熟的能力，兼有责任、宽容、温和、灵性、智慧等多个维度。没有爱的能力，就会成为终日里六神无主，无事生非，关键时刻指望不上的一个人。

他们夫妻二人，牵手偕行，默契厮守。既是事业的伙伴，又是人生旅程的伴侣，弱水三千，一瓢足矣。如这般幸运者，举世攘攘，能有几人？

（06）

每个人都在追求幸福。

却很少有人意识到，幸福带有极强的主观色彩，是我们对幸运人生的基本认知。

幸福其实在你心里。

有的人就是单身也幸福，恋爱也幸福，结婚也幸福，离婚也幸福。因为她就是会让自己幸福的人。而有些人就是不幸福，他们单身不幸，恋爱不幸，结婚不幸，离婚更不幸。无论你给他什么，他都不幸福。

他们夫妻，无疑是活在幸福之中的。

他们的幸福不是说赚了多少钱，不是社会地位有多高，不是有多少社会名望。而是他们只为自己而活，被误解时不解释，遭非议时不辩驳，即便是罹患重症，却从不做出一副可怜模样，求关注求爱护。

他们的心是丰盈的，不需要再从外界汲取。

这就是幸福的真谛。

当你的内心丰盈饱满，所获得的快乐与幸福，足以让你感怀人生，再无丝毫怨怼之言。

(07)

北宋年间，苏东坡有位朋友流放到了荒蛮之地，一位名寓娘的侍妾，始终跟随在身边。

后来苏东坡见到寓娘，问她是否习惯这艰难的生活。

寓娘回答："此心安处是吾乡。"

苏东坡得此绝妙佳句，连声赞叹。

他的生平也是如此写照。

安于己心，温静馨和。你说只是一个主持人也好，你认为他风清霁月也罢，这又与他何干？

(08)

庸者苦多，智者寿长。

死亡是我们生命中重要的一课。

中国明朝的智者，阳明先生 57 岁辞世。

临终时，弟子问阳明先生什么后事需要交代，阳明先生笑着回答："此心光明，亦复何言。"

内心自有霁月洞天，又何必俗事扰烦？

我们都是凡俗之人，终不敢仰望前世智者，勘破死生之境界。

但这位知名主持人走时，他留给我们的无声吁叹，也是八个字："此心温柔，夫复何言。"

(09)

是怎样的生死哲学，让他走得如此平静，也让我们如此沉思？

第一：不与闲人论短长，只求内心自安然。

哪个在世不说人？谁个背后无人说？我们的生活，就是因为陷入无尽的鸡毛蒜皮之中，凭增无尽烦恼。只有如他这样，凭人说，任你笑，我自走我阳关道，这才是我们对待别人评价时该有的风度。

第二：真诚磊落，永远和自己在一起。

为所当为，做所当做，有些事，可以瞒过别人，却瞒不过自己的心。

若得心安，何来苦忧？

第三：忠于爱情，忠于家庭。

当你知道自己想要的是什么，内心的浮躁就会归于安宁。就会于漫长的人生路上，遇一人白首，择一城终老，行成于思，爱归于心。值此百年回望，方可无愧此生。

第四：高质量的生命，豁达的人生态度。

内心空茫之人，只是因为生命质量太低，压不住情绪的波潮。忧戚悲苦者，多是人生态度有待调整，须拂尽心中过盛的欲望。热爱生命，活在当下，莫忘初心，守住始终。

第五：让人生没有缺憾。

多数人临终之前，都会懊悔不迭。悔当初不肯下决心做回自己，悔当时尖牙利齿伤害亲人，悔当年明知对错是非，却偏偏反其道而行。临终后悔的人生，是多么可怜，何不在此时，选择自己最需要的？

第六：人生无常，善自珍重。

所有人终将离去，如风掠入原野，消失在历史长河中。

困厄忧苦，人之常情。但短暂的生命告诉我们，时间不是用来挥霍的，要让自己每一天都活在喜悦中，活在快乐中。让每一天，都成为自己生命绝响，成为最值得怀念的日子。

（10）

人生最难的，不是上行。

而是退场。

年轻时，我们知道人生的过程，有无限可能。

我们都会选择最好的那种。

后来努力让每一天过得没有缺憾。

用最大的善意拥抱这个世界。

不需要告别，只因从未离场。

不需要道歉，只因无愧于心。

把抗争留给自己，把爱意与温暖留给世界。

把每一天都当作最后一天过。

毕竟人生无常。

除了癌症之外，人世间还有太多的不测。每个人都行走在时代的钢丝之上，与其忧惧，莫如坦然。

我敬重这世界上所有的一切，默不作声的人沉默体面，把星辰大海的绚烂和黄泉彼岸的孤寂都留给自己。不管我们经历多少磨难，留给爱人最美的记忆仍是我们应该做到的。余生很短，让它充满温情，当时光的铁门在我们身后合拢，让我们笑着说："来过，爱过，一生幸福，此心温柔。无怨，亦无忧。"

不要让你的善良变成伤害

（01）

大学时，读到一位贯通了多门学科的大师的专访。

记者：“请用最简单的一句话，解释一下心理学。”

大师说：“心理学就是——你的想法全都错了。”

记者：“……啥意思？”

大师：“如果你想得都对，怎么会有心理学？正因为你全都想错了，所以才会有心理学帮你矫正。”

记者：“……那再请用最简单的一句话，描述一下经济学。”

大师：“经济学就是——你全都做错了。”

记者：“……这又是啥意思？”

大师：“如果你做对了，怎么会有专门研究经济行为的学科？正因为你的做法全是错的，所以才会有经济学。”

记者：“听起来好神奇。”

毕业之后，每年我都会想起这段采访。

每次回味，都感觉大师果然是大师，一句话就能说到点子上。

（02）

中国新闻网报道：

美国有家面包店，潘娜拉（Panera Cares）。

老板是一个很善良的人。

他想，咱们开店的人，要有社会责任感，不能钻钱眼儿里不出来。

要解放普天下受苦人。

怎么个解放法儿呢？

——咱们店里的面包，由顾客自由付费！

任何人都可以进来，想拿就拿——你如果有钱的话，就请多付一点点。

你放下的钱，不只是面包成本，还是为穷苦人的捐助和赈济。

众人拾柴火焰高，众人掏钱我烧包。集众之力，帮助穷人。这样一来，穷苦人就不至于饿殍于街头。哪怕世界再寒冷，潘娜拉永远是春天。

就这么干啦。

（03）

日前，美国传来消息。

慈善连锁面包店潘娜拉，苦心经营之后……倒闭啦！

罗马不是一天建成的，潘娜拉不是一天倒闭的。此前，潘娜拉的连锁店，一家接一家，顶不住经营压力，被迫关门。

2019 年 2 月 15 日，老板摘下了最后一家店的牌子。

干不下去了。

知情人士说：打开张第一天起，潘娜拉就干不过正常的面包店。

也不是进来的人都不付钱，爱心人士还是有的。但相比而言，不付钱的人数好像更多。总之潘娜拉经营的这些日子，面包被人带走不少，但收入始终低迷，现在是彻底干不下去了。

门店倒闭，让老板负疚于心。

——他对不起手下的员工。

员工们要缴房贷车贷，要养孩子。追随老板，就为养家糊口。老板可倒好，就因为心地善良，让员工们全都失业，陷入饥饿，他难道不愧疚吗?

(04)

中国有句话，叫好心办坏事。

为什么明明是好心，却办成坏事呢?

——因为这个世界，不是绕着你的好心运转的。人性更有自身的特殊规律，违背客观规律，这叫逆天而行。

所以思想大师说：你的想法是错的，你的做法是错的——错就错在，你凡事都喜欢跟规律对抗!

(05)

潘娜拉面包店，为什么会倒闭呢?

说过了，因为老板的善良，跟经济规律对抗了。

……到底是怎么个对抗法呢?

这样好了，我们假设潘娜拉的老板，是个大坏蛋。

黑心黑肠烂肚肺，坏到骨子里的那种。

面包店经营好的时候，他也不管穷人死活。

他就是这样坏！

来看看他的面包店，经营状况又如何呢？

（06）

现在你是潘娜拉店的坏老板。

你的店面资产值 30 万美金。

但这 30 万美金，不是从天上掉下来的。除了你自己以前的积攒，老婆的口红钱，孩子的读书钱，还有从银行贷出来的钱。

你现在欠银行的贷款，是 20 万美金。

你的资产负债率是 66.67%。

欠钱不要紧，你准备用卖面包赚来的钱，一点点把债务还清。

假设你经营一个月的面包店，扣除人工税费等各项成本，净利润赚到 3 万元。

那么用不到一年时间，你就可以还清银行贷款，不用担心破产跳楼了！

总之吧，你是个坏人，根本就没打算做善事。你想的只是自己，只想从过高的负债中，解脱出来。

这样你的店会慢慢开始为你赢利，多赚的钱可以用来接济穷人，因此这样的“坏”反而才是“好”。

（07）

阳明先生说：“无善无恶心之体。”

人的行为，本无善恶之分。

不过是趋利避害，求存而已。

趋利不可逾越法律，避害不能伤害别人，这是我们人类最基本的行为规范。

只有在这个基础之上，你的善行才会起到作用。失去这个条件，你的善行就形同于在跳楼边缘试探。

（08）

我们到底要不要做善事儿？

当然要的。

无恻隐之心，非人也。老吾老，以及人之老。幼吾幼，以及人之幼。扶助老弱，赈济灾贫，这是人类天性，怎么可以不做？

但老辈子人也曾说：“钱有仨借俩不借，穷人家孩子读书没钱，这个要借。喜葬之事，这个要借。疾重危患，这个要借。”此三者或是人力无法抗拒，或是帮助上进者，不扶助有愧于心。但其他方面的善行，一定要遵循趋利避害的法则：

——趋利，就是你的行为，符合人类上进的天性，能够让追随者从中获得安身立命之基。如美国的潘娜拉面包店，它只需要正常经营，每年拿出一笔利润，帮助贫民窟的孩子，这就够了。但它非要对抗这种正常的规律，最终落得了连自己的员工都无颜面对。

——避害，就是你的善行，不能助长人性中的消极因素。全国父老乡亲都知道，一旦你帮了没有廉耻不讲信用的人，帮了不求上进的人，就会被对方死死缠住，并最终将你拖到与他同样的境地。

趋利，不是谋利。

而是鼓励人性中的积极因素。

避害，不是明哲保身。

而是不与人性中的消极因素合污。

只有符合人类的趋利避害法则，这时候你想的，才会是对的。你所做的，才会是正确的。

(09)

日本经营之神稻盛和夫说：小善如大恶，大善最无情。

小善，就是我们未假思索，下意识的举动。

表面是施惠于人，实际是纵容了人性中消极的因子，反而遗患无穷。

大善，是需要经过深思熟虑的行为。

任何事情，一旦深思熟虑，就会经过一个否定之否定的过程。起初看似合理的想法，细想却发现与人性冲突，与经济规律悖逆。正如潘娜拉面包店，想到的只是把商业与慈善糅合起来，既能够维持商业运行，还能够唤醒人心中的爱，多好。但当你拿起笔来，仔细计算一番，才知道这种想法，纯粹是当事人脑壳进水。

我们所说的深思熟虑，不是呆坐在沙发上内心纠结，而是求之于理性，把问题予以量化。问题一旦量化，就脱离了主观想法，数字是极残酷的，它不理会我们的主观愿望，不会欺骗我们。心理学也好，经济学也罢，都是揭示了人类的自欺的心理，所以它们能够让我们知道自己的想法错了，知道自己做错了。一旦我们知道自己的想法总会有不对的时候，做法也有可能不尽如人意，我们就开始迈向智慧了。智慧阶段，无适无莫，不再把自己的想法强加于人，更不会因为自己的愚蠢，而责怪这个世界不友善。事实上，这个世界充满了善与美，只是我们停留于错误的想法里太久太久，任何时候一旦走出来，就会看到繁花无尽，落英缤纷，就会达到为所欲为，行无逾矩的理想认知阶段。这时候我们的善念善行，才会真的牵动人心，引爆连锁反应。

我们要记得远离“巨婴”

（01）

“巨婴”并不是一个严肃的学术概念，更多的是社会学用语。

特指年纪一大把，幼稚无极限的人。你说他脑子有问题？他比你还正常。你说他没问题……那你一定是有问题！

（02）

成年人相互容让，但婴儿不是。

不管时间、环境、场合，想哭就哭，说闹就闹。

婴儿是只能当祖宗侍候，没法讲道理的物种。

“巨婴”虽然年纪很大，心智发展停滞于婴幼期，这类人普遍有五个特点。

一是格局小。

说一个人格局大，就是说他能盛得下事儿。你把一篓子羞辱倒他头上，他声色不动。你再加两篓子，他无动于衷。不是他反应迟钝，而是他所谋者大，这些事不值得跟别人计较。

“巨婴”不能遇事，碰上点鸡毛蒜皮的小事，正常人还没什么感觉，他已经压力爆棚，心理崩溃了。

二是边缘人格，喜怒无常。

正常人从喜到怒，可能有不少于100个情绪控制开关。不同的事儿会有不同的情绪对应点。所以正常人具有多种情绪变化，可以娴熟处理日常事务。

但“巨婴”的情绪只有一个开关。打开就是狂喜，关掉就是暴怒。所以“巨婴”行动多不可测，一句话就能让他喜笑颜开，再多说一句，他可能已经拎刀子扑过来。总之“巨婴”喜怒无常，情绪不稳定，任何事儿都是“巨婴”的爆发临界点。

三是绝对以自我为中心。

人都是以自我为中心的。

但正常人到了14岁时，会经历一个人格社会化的过程。开始知道这世界不是你一个人的，说话做事不能只顾自己，还要容纳别人，学会换位思考。

但“巨婴”有可能到了84岁，认知还停滞在4岁，仍然不肯接纳别人。考虑问题是绝对的自我，完全不管别人怎么想。

四是不讲理，我就是理。

正常人会讲道理。

不讲道理的意思是说按道理我们是对的，因此不管别人说的有没有道理，统统选择不听，觉得应该坚持自己的道理。可道理之上，还有人性与情绪。人世间一个重要的道理是合作，不肯抚慰对方情绪的人，是无法与人合作的。

“巨婴”就是无法合作之人。他们心里只有自己，什么规则规矩统统不管。“巨婴”遇到成熟的人，往往会得到让步与安慰。可“巨婴”碰到“巨婴”，俩不省心的熊孩子必会撕扯不断。

五是夸大情绪，极端事态。

正常人说话做事，情绪稳定，对事件的描述冷静客观，很少针对对方人格展开攻击。所以正常人能够相互交流。

“巨婴”就有点麻烦，他们会夸大情绪，小小的不如意就被他们当成了人生坎坷。芝麻大点小事儿，于他们而言就是生死对决，危机重重。

“巨婴”是行走的火药桶，稍不留神，就会立马炸了。

（03）

这个世界并不是每个人都是理性的，温和的。

总有些人会有极端的“巨婴”行为。

我们不仅要有识别“巨婴”的眼光，还要学会与“巨婴”打交道。至少在遇到“巨婴”的时候，能够安然逃生。

（04）

一个成熟的人，是一个能够在极端环境中平安逃生的人，要掌握五个处事原则。

一是尊重原则。

尊重是人际交往的润滑剂，礼貌是化解冲突的灭火器。

一个孩子在公共场合撞到一位女士，如果不说话就跑开，对方可能就会怒火中烧，愤怒声讨没有教养的熊孩子。

如果孩子说：“对不起，阿姨。”阿姨就会转怒为喜，甚至可能会夸这个孩子懂礼貌。

这就是尊重与礼貌的价值，不仅能够避免冲突，还能扭转你留给别人的印象。

二是情绪管理。

佛家说：三界唯心，万法唯识。

不成熟的人，生活在自己的情绪中，夸大极端事态。要走出这种幼稚心态，唯有回头是岸，从一味地抱怨别人，转向审视自我，才会豁然开朗。

三是互惠法则。

敬我一尺，回敬一丈。

滴水之恩，涌泉相报。

成年人要通过互惠合作谋生求存。我送外卖给你，你付服务费。我开出租车，你方便我赚钱。要合作就得彼此宽解让步，但“巨婴”拒绝合作。“巨婴”点个外卖，侮辱外卖小哥。开出租车，又会对乘客行凶。因为“巨婴”对交易充满愤怒，只想不劳而获。

四是价值创造。

人类社会，交易行为是创富的重要手段。

1 元钱在 10 个人手中迅速流过，就创造出 10 元的社会价值。在 100 个人手中流过，就创造出 100 元的社会价值。

成年人知道这个道理，因此欣然接纳商业规则。

“巨婴”拒绝合作，因而让自己成为常态社会的异类。

五是安全管理。

不挑衅别人底线，不激怒别人。

人对负面评价极度敏感，你夸别人百句，他扭头就忘。但如果你骂对方一句，哪怕过去 10 年，伤口仍在淌血，心中余恨难消。

人性如此脆弱，所以佛家主张慈悲。慈悲是俯瞰人性，鼓励人的进步，而不是羞辱残缺不足。这在客观上也起到消弭对方的恨意，免得自己受伤的效果。

（05）

人心脆弱，因而难测。

一念天堂，一念地狱。

尤其是面对那些喜怒无常的人，人性激荡更猛烈。

社会如江河淌涌，看似风平浪静，岸柳拂花。实则暗潮涌动，暗礁浮现。你每天要面对许多人，极端者可能就混杂于其中。人生之舟若想一帆风顺，须记住尊重原则、情绪管理、互惠法则、价值创造与安全管理这五个原则。

我们须得以平静的心态、温和的态度、善意的微笑、关切的眼神，让我们的人生旅途渐至人生繁花之地，安享我们生命的尊荣与静谧。

第六章

人生嘛，

进退自如才最好

有些边界你不能触碰

（01）

当我们思考问题，尤其是思考法律问题时，会考虑两个因素。

第一个因素是因果。

因果关系一旦发生，就会产生辐射与腐蚀效应。一件事会引发另一件事，继而引发无尽的事情。这个又叫蝴蝶效应，亚马孙丛林中一只蝴蝶动一动翅膀，这个最初的因子不断叠加，最终会形成大西洋上巨大的龙卷风。

到了这一步，不同人的不同认知会呈现出梯差状态。

（02）

凡夫畏果，菩萨畏因。

人类的每一个行为，都会产生无穷无尽的后续效应。

你会发现，如果不设立一个边界，你需要为自己行为的每一个后果负责，蝴蝶效应的结果就是全地球所有人都来向你索赔。

因果是没有争议的。

有争议的，是事情的边界。

（03）

面对问题时，我们思考的第二个因素是边界。

就是事情到哪一步就应该收住，不可以无限制地推导下去。

可究竟应该在哪儿收住，不同的司法体系规定不同。

因为此类事件弹性极大，根本没有完美答案。

而人的智力梯差，也在这里展示出来。

（04）

智力的落差体现在事情的边界认知上。

如何正确地确定事情的边界呢？

这里有两个法则。

确定事情边界的第一个法则叫普遍性的法则，也叫必然法则。

就是看事情与行为是不是必然的，是不是普遍性的。

比如说，你小时被爹妈骂了一句，此事在你心中留下不可抹灭的阴影，长大后你一事无成，没有出息，你因此责怨父母。

但一个人因为幼年管教失当，导致成年后没有出息，这个不是必然的结果，也不是普遍性的，所以这个责怪毫无道理。

但是，确定事情的边界，还有第二法则：权利法则。

（05）

权利法则就是看引发事情的行为是不是合理的，是否符合权利概念。

如果发生了车祸，受害人被撞飞，飞过半空，落入到一家刀具店，恰好撞击在店中的刀具上身死，店主也不构成谋杀罪。因为在店中摆放刀具是他的合法经营权利，人不应该为自己的合法权利承担罪责。

（06）

事情是有因果的。

因果是有边界的。

因果的边界，一是止于必然区域，止于普遍区域；二是止于权利区域。

我们的认知，也是如此。

阳明先生说，知行合一。

知什么？如何行？

知，是认知这个世界的本质，清晰地看到每桩事情的边界。

行，正如孔子所说，从心所欲，不逾矩。意思是说，我想干啥就干啥，但无论我干啥，都是在因果或权利的边界之内，所以我活得快乐又开心。

相反，那些边界意识模糊的人，一生饱受困扰。世事他们看不惯，因为他们心中的边界认知与客观认知有落差。与人交往磕磕碰碰，因为他们对别人和自己的要求，跟别人总是对不上。比如说，他们会把自己的电瓶车违规停放在非机动车道上，给别人带来无尽的麻烦，却不自省。这种行为多了，难免会引发麻烦，而到了法庭上他们又喊冤叫屈，搬出自己的边界概念，替自己辩解，但其实他们一点儿也不冤。问题不是出在他们的行为上，而是出在他们的认知上，出在他们不认可这世间普遍认可的边界上。

智力高不如性格好，好头脑不如好心情

（01）

海明威说过性格比智力的作用大得多，头脑的作用却不如心情。

这句话究竟有没有道理呢?

（2）

网上看过一个段子，有个女孩养了一只古代英国牧羊犬。

女孩牵着狗狗出门。

一个大爷走过来惊呼道："这是什么狗啊？怎么长得这么奇怪啊？"

女孩回答："这是古牧！（古代英国牧羊犬的简称）"

大爷恍然大悟："古墓派？杨过和小龙女那个派系的，难怪长得有点像雕。"

"不是……"女孩艰难解释，"古牧就是古牧，跟杨过的雕没关系。"

大爷："不都是古墓派吗？怎么能说没关系？"

女孩："古牧是古代英国牧羊犬！"

大爷：“那你早说呀，你不说明白，我还以为古墓派再现江湖了呢。”

女孩气得头昏。

大爷走后又过来一个大妈，惊呼道：“这条狗怎么长这怪模样呢？”

刚才与大爷的对话，女孩不得不重复一次。

大妈走开，过来一位大哥，惊呼道：“这条狗怎么长这怪模样呢？”

对话再次重复。

大哥走开，过来一位大姐，惊呼道：“这条狗怎么长这怪模样呢？”

至此女孩心理崩溃。

（03）

相同的对话，一再重复，女孩有点恼了。

面对这位大姐，女孩铿锵有力地回答：“这是熊猫！”

古牧当然不是熊猫。但女孩希望对方明白自己不想跟她说话。

但大姐不明白，认真地说：“哦，原来是熊猫，你从哪儿买来的？”

女孩：“捡的。”

大姐：“哪里能捡？”

女孩：“马路边上。”

大姐：“哦，那它都吃什么啊？”

女孩：“锅包肉、米饭、茄子辣椒炒鸡蛋。”

大姐：“小姑娘不要乱讲，谁不知道熊猫是吃竹子的？”

女孩：“菜市场上买不到竹子。”

大姐："但可以买到笋。"

女孩："是啊！"

大姐："你家的熊猫怎么只有一只眼睛是黑的啊？"

女孩："它品种不纯。"

大姐恍然大悟："难怪，你看这只熊猫，两只手都是白色的。正宗国产猫，两只手都是黑色的，就好比黑猫警长，对不对？"

女孩快要哭出来了："熊猫那不叫手，叫前肢……而且熊猫是熊不是猫。"

大姐："还是不对，你家猫怎么没尾巴呢？猫都是有尾巴的啊。"

女孩："它跟狗打架，尾巴被咬掉了。"

大姐："原来如此，我说熊猫都是憨憨的，猫不是会爬树吗？让你家猫爬个树看看。"

女孩终于抓狂："它不是猫，是古牧，是条狗，它不会爬树。"

女孩"哭了"。

终于发现，还是老老实实重复和第一个路人的对话更省事省心。

（04）

世上本无事，庸人自扰之。

之所以庸人自扰，是因为我们缺乏耐性。

结果却是无端复杂，反倒陷入更大麻烦。

（05）

知乎上有个聪明孩子叫马丁。

规规矩矩上班，老老实实打卡。

忽然有一天，领导问他：“小马，有女朋友了吗？”

小马心想领导为什么要问他这个问题？多半是想给他介绍姑娘。领导介绍的女朋友，谈成了还好，谈不成，岂非里外不是人？

单身的小马撒谎说：“领导，我有女友。”

“哦。女朋友是哪儿的？”

小马仓促回答：“青岛的。”

领导没有再问，这事就算过去了。

眨眼快过年了，领导忽然把小马叫过去：“小马，回家的票买好了没有？”

小马：“买好了。”。

领导：“你女朋友是青岛哪个区的？”

小马心生狐疑，领导为什么这么关心我的女朋友？勉强回答：“青岛市南区的。”

领导：“好巧啊，我妹妹在青岛市南区。她要捎点东西给我，你女朋友过完年从青岛回来时，可不可以替我捎过来？如果太麻烦，我再想想别的办法。”

“不麻烦不麻烦……”小马口中说着，心里却懊悔不迭。这瞎话越编越离谱，明明没有女朋友，明明自己过年不去青岛，可是弄到这地步……唉。

（06）

谎撒得有点大，圆不回来了。

可又没有办法。小马总不能明确告诉领导自己压根没女朋友，以前说的话是骗他的……

只能先回家过年。

然后小马早早离开家，奔赴青岛去圆谎。于凛冽的海风中，终于等到了领导的妹妹，把东西带回了北京。

只为一个小小谎言，专门跑趟青岛。

而且以后还有更多的麻烦，万一哪次领导还要托他女朋友从青岛带东西呢？

想要弥补这个漏洞，最好的法子莫过于告诉领导，自己和女朋友吹了。可这样就又绕回到了开头，这个谎白撒了，除了自费跑了一趟青岛，毫无意义。

（07）

我们的人生好比一座房子，一旦点燃一角，就会越烧越旺。

需要我们前后奔赴，不停抢救。

而最初的原因，不过是芝麻大一样的小事儿。

（08）

带古牧出门的女孩，当别人问起时，其实只要简单回答一句："这是古代英国牧羊犬，温顺随和的长毛狗。"

就是一句话，说清楚就没事了。

可是女孩不肯。

非要回答一句容易引发歧义的话："这是古牧。"

而后围绕着这句话展开沟通，她不肯把事情简单化，最终是越绕越复杂。

一如知乎上的小马，人家问他有没有女朋友，有就有，没有就没有。领导未必一定给你介绍女友，就算是打算介绍给你女友，你不喜欢，领导难道真的会记恨你吗？

没必要的谎，真的别撒。

结果越绕越兜不住，后面还有说不尽的烦恼。

这俩人就是缺乏真诚和耐心。

想以复杂化的方式让人知难而退。

结果让自己陷进去。

(09)

缺乏真诚，缺少耐心的人总想撒个小谎，把事情复杂化，阻止别人接近。

但往往只会让自己身陷其中。无端增加了沟通成本，活得苦不堪言，却连面对自我的勇气都没有。

想要避免这样的人生，只需要想明白几件事：

第一，所有人的终极目的都想过一种简单、直接的生活。

这是我们的出发点，也是最终目标。如果奉行这个目标，就会顺风顺水，逆向而行就会陷入混乱。

第二，缺乏真诚友善是迷失的主因。

我们希望简单，因此对意外的打扰会厌恶，对他人会不耐烦。陷入不耐烦的情绪，真诚与友善便会消失无踪，我们迷失了方向，忘记了简单化的法则。

第三，烦躁下的复杂化会把生活弄成一团乱麻。

我们以复杂的手法对付别人，希望对方知难而退。但这只不过是情绪的宣泄，不仅不会达到目的，反而会让自己泥足深陷。

第四，最低成本的交际莫过于简捷明确。

简捷明确是听着简单，做起来不易的智慧处世方法。有些人先是不愿意简单，不愿意把话说明白，慢慢地就真的说不明白了。

第五，回到初始认知，学习把话说简单，说明白。

在妈妈肚子里时，我们生活在羊水中，都是游泳高手。可离开母亲之后，却需要重新学习游泳。而一旦学会，就再也不会忘记。语言也是这样，复杂化的语言让我们遗忘了简单表达，但如果重新学会简单表达，就会成为你终生的智慧。

（10）

智力高不如性格好，好头脑不如好心情。

这句话，说的是人与人的智力本质差别不大。

但人与人的性格却相差甚远。

那些动辄不耐烦的人，那些动不动就陷入烦躁的人，总会在无关紧要的小事儿上失控、撒谎或是口不择言。而后陷入后续的麻烦中，忙碌奔波不过是为自己的失误付出代价。

他们的人生，就这样消耗在毫无意义的细枝末节上。

除非他们明白过来，除非意识到是因为烦躁的心让自己迷失了方向，改弦易辙，回归简单。

海明威说：“优于别人，并不高贵。真正的高贵是优于过去的自己。”这句话不过是在告诫我们：时刻惕厉自己，做一个优雅温和的人，不浮躁不焦虑，任何时候都不失态。唯一颗不失静和的心能够让我们面对他人时，不无端生厌，不陷入复杂化的冲动。

人际交往的最低成本法则，莫过于言简意赅。细心、耐心、真诚、友善地面对别人，把话说清楚，说明白，人生就会回归简单。反之，当我们故意复杂化，并不会阻止别人，只会作茧自缚，陷入不堪与混乱。

人生嘛，进退自如才最好

（01）

电梯里一对父子在对话。

父亲：“告诉过你的，气性不要这么大。不要动不动就和人吵，这样下去会吃大亏的。忍得一时气，可免百日羞。退一步，海阔天空。”

年轻人打断父亲：“你退一步，别人进一步。你越退空间越窄，人家越进越得理不饶人。你在单位退一步，升职加薪的机会就没了。邻里关系退一步，对门家的酸菜缸直接堆到你门口。这辈子你吃忍让的亏还少吗？也好意思教训我？”

“你……”父亲气得说不出话来。

这叫代沟。

两代人的认知完全不同。

（02）

退一步海阔天空，不是让我们遭遇伤害之时，忍气吞声。

而是在麻烦到来之前，依靠我们的智慧，将其消弭于无形。

（03）

先祖认为，我们是极聪明的，会一眼看穿对方的矫饰，看到客观事态，然后我们就会针对事件本身发表看法。

比如有个聚会，青年男女们边吃边聊。有个女孩边大快朵颐，边谈笑风生。这期间饭是豪爽地吃了一碗又一碗。

对面一位好友看不下去了，说："行了，你已经吃到八碗饭了，这么能吃，怪不得这么胖。"

女孩又盛了一碗饭，笑道："我的胖是暂时的。而你的丑和矮却是终生的。"

对面的好友登时，无言以对。

（04）

古人认为，现实有牙齿，是会咬人的。

人心脆弱，极易受到现实的伤害。

比如饭桌上的女孩确实比较胖，这是事实。

事实归事实，但这属于个人的特质，对此发表言论是缺少教养的表现。因为没人喜欢被评头论足。

乱讲话的好友因此而遭到女孩的犀利还击。

所以面对讨厌的事实，我们要退一步，针对对方脆弱的心采取安抚之策。

（05）

退一步，海阔天空。让我们从易于对他人造成伤害的事实，退到抚慰对方情绪的位置。

留有余地，方便转圜。

网上有个女孩讲过她体贴的妈妈。

女孩小时候相貌普通，因此情绪低落，内心自卑。有一天她心理压力过大，哭着对母亲说：“妈妈，为什么我长这么丑？”

妈妈笑了：“宝贝女儿，你见过毛毛虫吗？毛毛虫都是极丑的，可当毛毛虫长大就会变成满天飞舞的蝴蝶，到时候你就知道什么叫惊艳之美。虽然我的女儿已经很美了，但随着你的成长，你会发现自己越来越美丽。”

就这一次对话，女儿恢复了自信。

这就是退一步说话。

从事件本身退到关切安抚上来，这才是解决问题的好法子。

（06）

退一步，固然是海阔天空。

但人生有退必有进。

何时该进？

何时又该退？

（07）

自己的事儿，能力进一步，评价退一步。

男生宿舍里有个家伙正在健身。

对面铺位的室友挑衅地问：“喂，那位‘健人’，你会举杠铃吗？”

“‘健人’？”这是个什么怪称呼？健身者哭笑不得，“还行。”

对面室友：“能举多少？”

“健人”：“10下左右吧。”

室友：“吹牛！”

“健人”没吭声。

室友：“那单手呢？单手你能举几下？”

“健人”：“七八下吧。”

室友：“不吹牛你会死吗？”“健人”无奈，只好单手举杠铃，一下，两下，三下……轻松自如。

举到第四下，对面的室友脸色有点惨。

可这时候，“健人”放下杠铃，说：“累了，举不动了。”

寝室中的同学谁也没说话，但打心眼儿里，对“健人”钦服敬佩。

做人留一线，日后好相见。

能单手举七八下杠铃，这叫能力进一步。

能举七八下，却不做足，给对方留点颜面，这叫评价退一步。

让人钦服，而不是让人难堪。这就是做人的境界。

（08）

别人的事儿，能力退一步，评价进一步。

有个老板自述初中时他不学好，成绩极差，经常躲在厕所里逃避学习。

有天，他正蹲厕所自闭中，忽然间班主任进来了。

当时他非常尴尬，傻傻地看着班主任，呆在那里。

班主任却若无其事地走过来，淡定地问：“你为什么逃课？”

班主任竟然没有选择通知家长，而是真心地问他逃课的原因？

这让他受宠若惊。

他脑子有点木，机械地盯着老师，不知如何回答。

他最后说了一句："我想逃避学习，但不是想逃课。"

"对喽。"班主任叹道，"你虽然调皮，但老师我懂你。你绝对不是一辈子只会逃避的人！以后事业有成，记住老师说的这句话。"

班主任的一句话如往汽油桶里丢了枚燃烧的火柴，让他的心霎时充满希望。

此后他默默努力努力，学业、事业渐有起色，依诺言每年去探望班主任。

明明他的行为，顽劣不堪。

但班主任在对他的要求上退了一步，而对他的评价充满期许。

最终成就了他，才让他感激终生。

（09）

退一步，海阔天空，是让我们获得一种不引发对抗的处世方法。

自己的事儿，要进一步地要求。

别人的事儿，要退一步地要求。

对自我的评价，高标准严要求。

对别人的评价，适度放宽放松。

想要做到这些，无非是如这篇文章所展示的，五步而已：

一是寻找反例，推翻既定结论。

二是寻找证例，证明道理的适用性。

三是结合证例与反例，确定知识或道理的适用边界。

四是锁守边界，导出道理的最终目标。

五是从目标返回，将初始道理细化，咀嚼细咽，然后与我们人生实践相融合，与我们的认知观念交汇。最终彻底吸收，优化我们的思维。这样才是让道理与知识由外而内，再由内而外，从学习到实践的完整过程。

当你参透了这种能力，就能够说话有分寸，做事有尺度。这种情况下，轻易不会遇到合作破裂，被人家得寸进尺，压着你打的悲惨局面。即使遇到，你此时也绝非孤身一人，总有人支持你，力挺你，你还怕什么呀？

(10)

先哲训言往往字字珠玑。

如果单纯地从字面上理解，把退一步海阔天空理解成凡事忍让，这就大错特错了，这叫食古不化。道理懂得虽多，却消化不良，吸收不足，最终让自己成为机械论者，说啥啥都懂，做啥啥不成。

单纯从字面上理解道理的人，犹如随身背着沉重的工具箱，钳子扳手螺丝刀一应俱全，却不知如何使用。该用钳子你上扳手，该用扳手你上螺丝刀，往往问题无法解决，反而弄得一团糟。

知识的内化远比学习本身更重要。

退一步，海阔天空。对自己要求再高点，对别人要求再低点。对自我评价再低点，对别人评价再高点。听着容易，做着艰难，只是因为道理游离于我们的思维之外，并非是我们的认知自身。不要放过那些粗浅直白的大道理，越粗浅，越直白，越有可能切中我们认知的盲点。必须学会消弭盲区，才会胸中有丘壑，拥有灿烂的人生。

我们要学会爱自己

(01)

之前看到过一则新闻，讲的是一个品学兼优的男生的故事。

6岁开始上学读书，成绩很优秀。家中至今仍装裱着他历年的奖状。

18岁，考入中国科学技术大学地球化学专业。四年之后攻读硕士，后又继续攻读博士。

男生的家就在合肥肥西。从学校坐公交车回家只不过两个小时。

一天，男生给父母打电话，说他将在明天下午回家过年。

但第二天，男生并没有回家。

等到深夜，家人开始着急，想办法联系男生。

但始终联系不上。

他失踪了。

(02)

家人来到学校。

男生的室友全然不知道他失踪之事，还以为他已经回家过年了。

再通过查看监控录像发现，他在和家人打完电话的第二天凌晨，身穿橘黄色棉袄，黑色休闲裤，没有带回家的行李，手中只拿了一把青色的雨伞，就这样离开了学校。

当时合肥天降大雪，男生独自打着伞，在雪地上步行。

他要去哪里？

他行走在一座桥上。

这是他留给这个世界最后的影像。

（03）

博士无端失踪，媒体高度关注，救援队不眠不休四处搜寻。在男生失踪的 15 天后，他的遗体在水库的芦苇荡中被发现。

家人此刻承受的痛苦可想而知。

（04）

冒着寒雪，撑伞走在路上的男生究竟在想些什么？

无论他在想什么，这孩子的心里，必是承受着巨大的煎熬与压力。

（05）

许多人猜测，男生很可能因为承受不了学业的压力而选择以这种方式离开这个世界。

博士生毕业很难，学术研究需要耗费很多精力。

但男生离开之前，未留下只言片语。同学称其表现并无异常。家人也曾询问他的学业情况，回答是挺好。

现实是，我们现在才知道，男生表面的平静不过是一个假象。

他究竟遭遇了什么？

这其实并不重要。

能够向人倾诉的，都不算事儿。

恰恰是那些无以倾诉的，才让我们不胜负荷。

（06）

其实谁没个坎儿？

你遇到的难事或许在别人眼里都不值一提，可你就是想不开，放不下，大脑如沸腾的岩浆，陷入高热状态，来来去去都绕着这点事儿转。越转越难挨，越转越悲凉，越转越转不开。

谁都会遇到过不去的坎儿。

这个坎儿并不在外界，而是在你心里。

过去了，根本就不算事儿。

没过去，那就是天大的事儿。

（07）

我们国家的博士数量是 77 万人。

听起来很吓人，可如果和 13 亿人口比较一下，实在也算不上多。

能攻读博士的人，智力必是一等一的，说他们是人中龙凤也不夸张。

男生以优异的成绩一直读到了博士，如今却选择以这样的方式决绝地离开。

这么优秀的人才原本有无限宽广的空间，应该大放异彩。

家人恸，观者伤，闻者哀。

亦舒在她的《花常好月常圆人长久》书中说："你大概误会大学文凭是世界之匙，开启顺风顺水之门，这并不正确。读书目的是进修学问，拓阔胸襟。人生所有烦恼会不多不少永远追随，只不过学问涵养可以使一个人更加理智冷静地分析处理这些难题而已。"

这是真的。

无论你是在高等学府象牙塔，还是在空门寺庙、玄门道观，有些烦恼是如影随形的。一旦你想不开，钻了牛角尖，无尽的烦恼就立即化为过不去的坎儿。

（08）

人生的苦，有生理的，有心理的。

生理之苦，诸如生、老、病，死，毕竟是个客观的存在，人们反倒能够坦然接受。

让人过不去的，都是些心里的伤，心里的苦。

第一种痛苦就是不喜欢自己拥有的。所处的环境、共事的人以及从事的工作，这些统统不喜欢，会过于贬低自己所拥有的一切，严重时甚至不喜欢自己。有人把这个奇怪的心态，称之为怨憎会。你无端憎恨身边的人，憎恨工作甚至自己，但是自己又无法逃离，这种情绪很难化解，就会让人无限哀伤。

第二种痛苦是疯狂喜欢那些失去的东西。失去的人和逝去的时光，这些东西在自己手中时，或许心里没有多喜欢。但一旦失去它们，就拼命想要抓住。诸如有些人不想长大，对另一半发火……等到酿成大错，才来悔恨，这未免也有些迟了。有人将此称为爱别离，你爱的不是别离，而是别离之后，你才想起来爱。

第三种痛苦就是非要得到不可能得到的东西。实际上你追求的价值并不高于你拥有的。只要弄明白这个道理，就不会痛苦了。

怨憎会，爱别离，求不得，三种苦相互交错所带来的不良刺激，一旦超过心理承受极限，人就有可能走上极端。

（09）

如何跳过那些过不去的坎儿？

如何从暗黑无际的伤苦中走出？

心中伤苦，不过是自然产生的情绪。是人类思维的破绽，因此并不难化解。

第一，你不是世界的中心。

环境也好，周边的事物或人也好，凭什么要绕着你转？讨好你？你只是光阴过客，有缘聚，缘尽散。修五百年，才有机缘同行一段路。因此这些人事物都是我们没法强求的。

第二，活在当下，珍视自己拥有的一切。

并不是身边的人与事物真的恶劣，才让你怨憎会；也不是离去的一切，真有多美好，才让你爱别离。

很大可能是你认知失衡，贬低身边的人与事物，毫无理由抬高远处的人与事物的价值。

远去的未必美好，手中的未必无益。你喜欢的与憎恶的并没多大区别，在等价的事物上，强生分别，折磨自己。

第三，风物宜长，放开眼界。

所谓过不去的坎儿，其实不存在！

很大可能是因为我们情绪失控，认知失调。

一旦遇到情绪失控，要想着赶紧从当时的环境事物中抽离出来，能走多远走多远。走远了仍然想不开，那就去看场电影，看部悬念小说。世上没有过不去的坎儿，只有想不开的人。只要避开过于强烈的负面情绪，前面又是一片天。

（10）

博士的智力虽高，但也有闯不过去的人生难关。

虽然我们不知道他遇到了什么，但知道他最终未能闯过去。

闯不过去又何妨?

相比于美丽的生命，相比于无限可能的人生，博士的头衔又算得了什么?

这世界有各色各样的人，许多人的生存状态远比我们更恶劣，可是他们从未失去生活的勇气。再穷无非讨饭，不死总会出头。

绝境时，不妨换个活法。

假以时日，仍可东山再起，卷土重来。

我们每个人，不仅是为自己而活，还同时是亲人的牵挂。无论多么艰难，千万不要以自绝的方式离开家人，那未免太过残忍。

这世界是如此美丽，我们都还有未来，还有很多美好要去发现。

远离让你放弃独立自主的人

（01）

常识是众所周知，不需要证明的道理。

比如说，自由和独立是人生中最重要的东西，这就是常识。

如果人的行为背离了常识，就需要我们警觉了。

（02）

美国明尼苏达州，有个姑娘叫宝莉莲。

职业空姐，单亲妈妈。

辛辛苦苦把孩子带大之后，宝莉莲就想接下来该考虑自己的人生了，最好找个灵魂伴侣，与他手牵手走到最后，多好。

宝莉莲登录了婚恋网站，查阅注册了的男性用户资料。一条信息吸引了她的注意。

一个年龄和她差不多的男士，名叫瑞奇·彼德森。职业海军军官，是一名曾远征过阿富汗的老兵，正在明尼苏达大学攻读政治博士学位。

条件不错。

再看彼德森的照片，哇，帅哥啊。

宝莉莲动心了。

（03）

她先和英俊的彼德森先生在网上聊天。

对方谈吐风趣，妙语连珠，他说的每句话，都恰好撩拨到了她的心弦。

当看到彼德森时，宝莉莲惊呆了。

彼德森本人竟然比照片更英俊，更高大。

虽然身材高大，但性格却笨拙羞涩，他一见到宝莉莲脸就红了。他是一个专注于工作的事业男，已经有 8 年没谈过恋爱了。

老男孩风趣，幽默，有品位，讲格调，说起时尚头头是道。他是那种近乎完美的男人，成熟又不失天真，对生活充满了热爱。

而且他喜欢运动，两人相恋之后，他经常带着宝莉莲和她的孩子去海边玩水。

为了与他约会，宝莉莲耽误了航班，结果被航空公司给解雇了。

彼德森知道后安慰宝莉莲说，不要担心，我会照顾你、保护你的。我是男人，男人就该顶天立地！我养你！

当彼德森说出最后一句话时，宝莉莲脑海中却突然间拉响了警报。

（04）

宝莉莲是个独立女性。

崇尚自立，自由！

——绝不依赖他人。

——依赖他人，就意味着生存能力的丧失，意味着面临人生危险。

所以当善良友爱、英俊风趣的彼德森向姑娘保证她不需要为生存而承受压力时，宝莉莲的心里突然警觉起来。

好像哪里不对。

彼德森这样说，明显是自己这段时间以来，对他的依赖太重。

失去了自立能力。

——也因此失去了判断力。

再仔细观察彼德森，突然间发现这家伙好像有点不对劲。

他的表现实在是太完美，完美到了违背常理。他对她的每个要求都步步退让，从不鼓励她的独立意识。好像不希望看到她太过于独立。

因此她的生活重心才发生了转移，失去了工作，不得不依赖彼德森。

宝莉莲相信爱情。

——但绝不相信，违背常理的爱情。

(05)

人是目的性极强的生物。

纵然是养头猪，也是为了杀掉吃肉。

如果彼德森年轻懵懂，陷入爱情时说些海誓山盟的话，也是常见的事情。

但他如此成熟、睿智，又有着丰富的人生经验与见识。

如果他现在说的是真的，那么就意味着他是个性格不稳定、极端冲动的人。

极端幼稚而说昏妄之语和成熟睿智放在一起，明显不搭配。

可他确实是个成熟睿智的人，为什么会说违背常理的话呢？

宝莉莲心生困惑，开始上网搜索彼德森的信息。

结果让她大吃一惊。

（06）

网络上，彼德森的照片对应的是一个叫德里克·麦兰·阿兰德的人。

而这个德里克涉及多起婚姻诈骗案。

以为是暖男，却原来是个骗子。

他的资料全是假的，什么海军职业军官、阿富汗老兵，什么正在大学读政治学博士，这些全都是他编造出来骗人的。

他通过网络认识了女人之后，就步步设套，让对方对他产生出依赖之心。再甜言蜜语说我养你，一旦女人听信了这种违背常理的话，就会彻底放弃思考。

然后德里克再偷走对方所有的钱，消失得无影无踪，再去物色新的猎物。

被德里克骗过、陷入绝境的女人，不止一个两个。

宝莉莲深深地吸了口气。

好险呀。

因此一定要警惕那个花言巧语，让你放弃自立能力的人。否则你的人生，就会沦为一场悲剧。

（07）

最近有个姑娘通过微信哭诉自己的遭遇。

她的丈夫是一名博士后，毕业后就职于北京，并取得了北京户口。4年前的5月19日，他们在北京领取了结婚证，这个日子的寓意是“我要久”。

婚后的生活，丈夫负责赚钱养家，妻子负责貌美如花。

但妻子也不是什么事都不干，因为丈夫家境贫寒，妻子借了10万元，替公公婆婆在老家买房，产权证上写的是男方父母的名字。

婚后两年，孩子出生。

这时丈夫与妻子商量：“你的户口在外地，我的户口是北京集体户。集体户口没法给孩子落户口。只能随母亲落户在外地，你肯定不希望这样吧？”

妻子：“当然不希望，可是怎么办呢？”

丈夫：“只能是……假离婚。孩子归我，户口就能落在北京。”

妻子立即答应了。

双方去办理离婚手续，协议上写的是孩子归男方，女方净身出户。

妻子大笔一挥，签了字。

然后丈夫……不，应该是前夫，又同她商量：“为避免事情复杂化，假离婚的事儿，最好不要告诉任何人，尤其是别告诉你的父母。”

女人爽快答应。

等到孩子的户口终于落下，她问男人复婚的事儿。

复婚？男人回复说，两人已经没有感情，拒绝复婚。

什么？

女方当时就崩溃了。

以为丈夫是真的，其实是假的。

以为离婚是假的，其实是真的。

（08）

为什么美国姑娘宝莉莲，能够逃出骗子德里克的黑手呢？

她依赖自己，她自立，因而拥有明晰的判断力。

她的思维模式，是这样子的：

安全——必须要靠自己，这是常识——如果有人劝你放弃自立与自由，全力依赖于他，那就意味着对方在违背常识——总有人要为背离常识，付出代价——人是自我的，有着损失厌恶的天性。憎恶付出，希望获得——所以对方不会支付违约成本——最终，为背离常识而支付代价的，必然是你。

这个思维逻辑线条清晰而明确。

所以她保护了自己。

（09）

第二个故事中的姑娘为什么会有如此遭遇？

我们都应该知道，你的安全，来自于自身的强大。

一旦你放弃自立，就会生出依赖心，丧失判断力。

正因为对人生责任的逃避与推诿，她幻想着世间会有一个心甘情愿来帮她承担的人。

但是你自己都不愿意担负的责任，别人怎么会愿意？

命运，不过是一个人选择的结果。

（10）

警惕那个说“我养你”的人。

你不是婴孩，不需要别人来养。

纵然是亲生的孩子，父母也只是养到成年，就可以“一脚踹出门”。

怎么可能会有人养一个成年的婴儿？

动辄说出我养你的人，不是高估了自己的人性，就是低估了你的智商。

相信这句话的人，或是智商不靠谱，或是内心有所图。

自立，自强，自己养自己，这是常识。

放弃自立与自强，如婴孩那样等别人喂养，这是背离常识的。

总有人要为背离常识付出代价。

而且一定是那个主动放弃自尊与自由的人。

哪怕是一个婴孩，在接受父母的喂养之下，也是需要付出的。这个付出就是你得乖巧，用笑容取悦父母。

成年人，想让别人来养，就需要付出更多。

有些人喜欢听对方说我养你。那是因为她们感受到生活的艰难后，想要逃避。凭什么生活于你就艰难，于别人就容易？当你放弃自立自强，就意味着命悬他手，就意味着让你自己成为他人生活中的一个巨大的负担。

爱、婚姻或家庭是一种经济合作模式，常识决定了让一方承担两个人生存责任的欲求根本不可能被满足。

如果有人背离常识对你做出这种承诺，那么，他一定是有所求。如美国姑娘宝莉莲，遇到的骗子打短线，只要你的储蓄卡。而第二个故事中的姑娘，遇到的骗子则是打长线，要你在更多的付出之后，再索回所有的成本。

爱的本质是自立的意识，是自我承担人生责任的尊严，是对人性光明面的拥抱与信任，是对人性阴暗面的警觉与洞察，是对常识的信守，是对高质量生命的热爱。一旦放弃这些，就意味失去一切。

图书在版编目（CIP）数据

我要做人生的甲方 / 雾满拦江著 . -- 北京 : 北京时代华文书局 , 2019.10(2020.3 重印)
ISBN 978-7-5699-3170-9

Ⅰ . ①我… Ⅱ . ①雾… Ⅲ . ①成功心理－通俗读物 Ⅳ . ① B848.4-49

中国版本图书馆 CIP 数据核字 (2019) 第 184165 号

我要做人生的甲方

WO YAOZUO RENSHENG DE JIAFANG

著　　者 | 雾满拦江
出 版 人 | 陈　涛
选题策划 | 蔺亚丁　郭秀彦
责任编辑 | 徐敏峰　姜锦赫
装帧设计 | 柒拾叁号工作室
责任印制 | 郝　旺
出版发行 | 北京时代华文书局 http://www.bjsdsj.com.cn
北京市东城区安定门外大街 136 号皇城国际大厦 A 座 8 楼
邮编：100011　电话：010 - 83670692　64267677
印　　刷 | 唐山富达印务有限公司
（如发现印装质量问题，请与印刷厂联系调换）
开　　本 | 880mm×1230mm　1/32
印　　张 | 7.5
字　　数 | 200 千字
版　　次 | 2019 年 10 月第 1 版
印　　次 | 2020 年 3 月第 3 次印刷
书　　号 | ISBN 978-7-5699-3170-9
定　　价 | 45.00 元
